うさぎの育て方・しつけ方

監修
さいとうラビットクリニック院長
斉藤久美子
KUMIKO SAITO

小学館

はじめに

日本全国には、400万匹のペットうさぎがいるといわれています。

うさぎはかわいいだけでなく、利口で物覚えがよく、なかないし、ニオわないし、いっしょに暮らすのに適した動物です。しかし、うさぎに関する正しい情報が少ないのが現状です。

うさぎの飼い主さんは、うさぎの飼育に関する情報やうさぎを診《み》てくれる獣医師を求めているのだと思います。

本書では、うさぎの育て方からしつけ、日ごろの健康チェック、いざというときの対処をはじめ、知っておきたい病気の知識も解説しています。

うさぎの幸せな一生のためには、飼い主さんにうさぎのことをよく知ってもらわなければなりません。そのために本書を役立ててください。

さいとうラビットクリニック院長
斉藤久美子

うさぎは「羽」の単位で数えられますが、本書ではうさぎをペットとしてとらえていますので「匹」という表記を用いています。

rabbit photo story

大好きなうさぎに会いたい!

魅力いっぱい、うさぎフォトストーリー

つややかな被毛が魅力

チンチラ

原産地／フランス　毛質／短毛
標準体重／オス、メスともに2.5～3kg

毛皮用に改良された品種で、密生したつややかな被毛が特徴です。被毛は１本の色が部分的に白と灰色に分かれています。高級毛皮のアンゴラをめざしてつくられ、手触りはベルベットのようです。本来は中型種ですが、ドワーフを交配して小型化したものがペットとして人気です。

活発な性格、外に放すと走りだして止まらないので注意

豊かな表情が魅力

白い被毛のネザーランドドワーフは人気上昇中

さまざまな毛色を持つネザーランドドワーフ

豊かな表情で語りかけます

ネザーランドドワーフ

原産地／オランダ　毛質／短毛
標準体重／オス、メスともに0.9kg

人なつこい小型のうさぎです。小さな体に大きな頭、両耳がくっつくように立った小さな耳をもっています。小型のポーリッシュ種が野生の穴うさぎと交配して偶然に誕生したといわれています。豊富な毛色と豊かな表情を持つ人気種。一般的に人なつこい性格ですが、神経質なうさぎも多いようです。

ピーターラビットのモデルとしても知られる

下膨れの頬《ほお》がかわいい

人なつこくて、好奇心旺《おう》盛《せい》

アメリカンファジーロップ

原産地／アメリカ　毛質／長毛
標準体重／オス約1.6kg、メス約1.7kg

長い被毛と垂れ耳が特徴。ホーランドロップとフレンチアンゴラを交配して誕生した品種です。顔は平たく幅広く、耳はゆったり垂れています。性格は人なつこく好奇心旺盛。おとなになると被毛が5㎝以上になるので、こまめな手入れが必要です。

丸々としたスタイルがチャーミング

ホーランドロップ

原産地／オランダ　毛質／長毛
標準体重／オス、メスともに約1.3kg

全体的に丸っこいスタイルがかわいい垂れ耳の小型うさぎです。フレンチロップにネザーランドドワーフ、イングリッシュロップを交配してつくられ、1980年に品種として認定されました。性格は一般的におとなしく従順です。

やわらかいフワフワウェーブが自慢

ジャージーウーリー

原産地／アメリカ　毛質／長毛
標準体重／オス、メスともに約1.3kg

少しウェーブがかったようなフワフワの長い被毛を持つうさぎ。顔や耳の被毛が短いのが特徴です。シルバーマーチンとネザーランドドワーフから誕生した品種。丸い体に短い耳と丸い目をしています。おとなしい性格です。長毛なので、毛玉にならないようブラッシングをていねいにおこないましょう。

ベルベットのような手触り

レッキス

原産地／フランス　毛質／短毛
標準体重／オス、メスともに約4～7kgと幅があります

短毛でベルベットのような手触りのうさぎです。短い毛が密に生えているので、引き締まった体型に見えます。食肉用のうさぎから突然変異で誕生した品種です。活発な性格です。

小型化していっそうチャーミング

ミニレッキス

原産地／アメリカ　毛質／短毛
標準体重／オス約1.8kg、メス約1.9kg

レッキスに小型種を交配させてつくった品種で、レッキスと同じくベルベットのような手触りの被毛を持っています。小さいながら引き締まった体で足腰が強靭《きょうじん》。好奇心旺盛な性格で活発、一般的にしつけもしやすいようです。

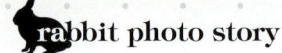

純白の体に赤い目が輝いています

ヒマラヤン

原産地／ヒマラヤ　毛質／短毛
標準体重／オス、メスともに約1.6kg

純白の体に、黒またはチョコレート色の耳、鼻、足、尾、そして、赤い目という個性的なうさぎです。ヒマラヤ地方原産で、うさぎとしては最も古い品種ともいわれます。イギリスでペット用に改良され、上品なカラーは世界中で好まれています。

長い飾り毛がゴージャス
アンゴラ

原産地／イギリス　毛質／長毛
標準体重／オス約2.7kg、メス約2.9kg

やわらかく長い被毛に覆《おお》われたゴージャスなうさぎです。耳の先に長い飾り毛があります。起源はトルコで、ヨーロッパで品種として定着しました。被毛はセーターなどに利用されています。長い被毛は毛玉になりやすいので、毎日の手入れがかかせません。性格は温和。

たてがみを持つ精《せい》悍《かん》な顔だち
ライオンラビット

原産地／ベルギー　毛質／短毛
標準体重／オス、メスともに約2～3kg

顔のまわりに、ライオンのたてがみのような長い被毛が生えたうさぎです。ベルジャンドワーフにジャージーウーリーなどを交配して誕生したといわれ、イギリスでは新しい品種として認定されました。顔まわり以外は短毛。丸い体と愛嬌《あいきょう》のある顔を持ち、性格はおだやかで人なつこく、しつけも簡単。各国で人気上昇中。

子うさぎの冒険

はじめて外に出るネザーランドドワーフの子うさぎたち。

「くんくんくん。何だろうこのニオイ」

「そよそよそよ。この風はどこから来たの？」

見るもの、感じるものすべてに興《きょう》味《み》津《しん》々《しん》。

土の感触を確かめながら、大地を蹴《け》ります。

向うには
何があるんだろう

ふたりで
行こうか

よし、
走るぞ

ねぇねぇ、
あっち

顔、洗って
休憩

ダッシュ

あっち
行こうよ

あれ、
逃げるの?

秘密の場所発見

うさぎの育て方・しつけ方

目次

はじめに……1

大好きなうさぎに会いたい！～rabbit photo story～ 2

チンチラ……3
ネザーランドドワーフ……4
アメリカンファジーロップ……6
ホーランドロップ……6
ジャージーウーリー……7
レッキス／ミニレッキス……8
ヒマラヤン……9
アンゴラ……10
ライオンラビット……10
子うさぎの冒険……11

第1章 うさぎが我が家にやってくる 17

うさぎの性質と習性を知っておきましょう……18
自分にあったうさぎを選びましょう……20
うさぎを手に入れるには……22
健康なうさぎの選び方……24
グッズを揃《そろ》えるポイント……26
ほかにも揃えておきたいグッズ……28

快適な部屋づくり……30
安全に遊べる部屋をつくります……32
うさぎを迎えるプログラム……34
1匹で飼うのが理想的……36
ほかの動物との相性を考慮……38

＊ラビットコラム＊
便を食べるのは、体のため？……19
ブリーダーって何？……22
ネットを活用して情報を集めよう……23
母乳が子うさぎを守る！……25
ベランダで飼育できる？……31
うさぎの名前を考えましょう……40

第2章 年代別に考えた育て方 41

飼育の基本をおさえましょう……42
食餌《しょくじ》は干し草とラビットフード……44
かしこい食餌の与え方……46
与えてはいけない食べ物を知っておこう……48
1日1回はケージの外で運動を……50
うさぎの抱き方をマスターしましょう……52
うさぎのボディーランゲージを理解しましょう……54
清潔な環境が健康の秘訣《ひけつ》……56
四季の飼育のポイント……58
うさぎの一生……60
●年代別うさぎのケア
成長期（生後1年まで）のケア……62
若年期（1歳～4歳まで）のケア……64
中年期（4歳～7歳まで）のケア……66
老年期（7歳以降）のケア……68

＊ラビットコラム＊
サプリメントは目的を考えて！……47
うさぎは草食動物……49
耳を持つのは、やめて！……53
怒り爆発までの4段階……55
屋外で暮らすうさぎのケア……59
うさぎの寿命は何歳？……61
うさぎは暑さ寒さが苦手……62
交配に注意！……63
避妊手術は早い時期に……65
体重をはかりましょう……67
うさぎと出かけよう……70

第3章 うさぎに教える簡単しつけ術 71

うさぎを上手にしつけるには……72
最初はトイレのしつけから……74
ケージの外にトイレを置く……76
抱くことは、大切なしつけです……77
好き嫌いをなくすしつけ……78
呼べばくるようにしつけます……80
●困った行動を直しましょう……82
①ものをかじる……83
②ケージをかじる……84
③食器をひっくり返す……85
④人をかむ……86
⑤オシッコをかける……87
⑥人間にマウンティングをする……88

＊ラビットコラム＊
しつけの限界を知っておく……72
高さのあるトイレは嫌い……75
うさぎは食べ物に慎重……79
うさぎの歯は凶器？……83
去勢ってどうするの？……87

第4章 家庭でできるお手入れ 89

ブラッシングは健康を守ります……90
毛質別のブラッシング……92
伸び過ぎた爪《つめ》は切ります……94
耳掃除で、耳の病気の予防を……96
シャンプーで体を清潔に保ちます……98
ドライヤーで乾かします……100

＊ラビットコラム＊
毛球症って何？……91
毛玉ができてしまったら……93
うさぎの爪は黒？　それとも白？……95
皮膚炎に気をつけて……100

第5章 知っておきたい病気・妊娠・出産の知識 101

●病気のサインをここでキャッチ 102
①食欲がない 104
②ウンチが出ない 105
③ドロドロのウンチをする 105
④赤いオシッコが続く 106
⑤おなかがパンパンにふくらんでいる 107
⑥耳をしきりにふる、耳をかく 107
⑦被毛をむしる・抜ける・なめる 108
⑧呼吸があらい 108
⑨鼻水・くしゃみ 109
⑩目やにや涙が出る 109
⑪足をひきずったり、床に着けずに歩く 109
⑫歯ぎしりをする 110
⑬うずくまってじっとしている 110
⑭耳を背中につけて動かさない 111

●皮膚の病気 112
皮膚糸状菌症《ひふしじょうきんしょう》(リングワーム) 112
湿性皮膚炎《しっせいひふえん》 113
ダニによる皮膚病 114
耳ダニによる皮膚病/ノミによる皮膚病 115
●歯の病気 116
切歯過長症《せっしかちょうしょう》 117
臼歯過長症《きゅうしかちょうしょう》 118
●胃腸の病気 120
毛球症《もうきゅうしょう》 120
腸のうっ滞《たい》 122
粘液性腸症《ねんえきせいちょうしょう》 123
●子宮の病気 124
子宮腫瘍《しゅよう》 124
子宮水腫《すいしゅ》/子宮内膜症《ないまくしょう》/子宮蓄膿症《ちくのうしょう》 126
●泌尿器《ひにょうき》の病気 127
尿石症《にょうせきしょう》 127
●呼吸器系の病気 128
スナッフル 128
●目の病気 130

結膜炎《けつまくえん》／鼻涙管閉塞《びるいかんへいそく》／涙嚢炎《るいのうえん》……130
角膜炎《かくまくえん》……131
●神経系の病気……132
斜頸《しゃけい》……132
●骨の病気……134
骨折《こっせつ》……134
脱臼《だっきゅう》……135
動物病院の選び方……136
うさぎの発情期は年中続きます……138
お見合いをさせましょう……140
出産準備をしましょう……142
子育て中の母うさぎは神経質……144
母うさぎのケア……146
子うさぎのケア……147
里親を探しましょう……148

＊ラビットコラム＊
素人判断は禁物……103
透明なオシッコは危険！……106
ケージの点検を……113
ノミをやっつけろ！……115
むし歯になる？……119
犬や猫にも毛球症はあるの？……121
避妊手術は太っていないときに……125
うさぎの目の色は赤？……131
偽妊娠は病気？……138
うさぎのメスは自立している……140
産まれる赤ちゃんの数は？……145
人工保育……147
知っておきたい人畜共通感染症《じんちくきょうつうかんせんしょう》……150

第6章 いざというときの応急処置 151

骨折した／ねんざ、打撲／出血した……153
熱射病になった……154
やけどをした／感電した／かまれた……155
揃《そろ》えておきたい救急箱……156
最期を見送りましょう……157

＊ラビットコラム＊
携帯用扇風機をつける……154
ペットロスって知っていますか？……157

付録●うさぎ便利情報……158

第1章

うさぎが我が家にやってくる

ネザーランドドワーフ

うさぎの性質と習性を知っておきましょう

rabbit data

うさぎの人気は上昇中！

（日本配合飼料による推計
表記は発表時に準ずる）

ネザーランドドワーフ

飼いやすい理由は、小さな体、なき声がないこと

小さな体にフワフワの毛、丸い顔には大きな耳とまん丸な目……。うさぎは容姿《ようし》がかわいいだけでなく、飼い主によくなつく知能と豊かなしぐさや表情をもっています。

体が小さく狭い部屋でも飼育でき、なき声がないから隣近所に迷惑もかかりません。

また、夜行性《やこうせい》で昼間はほとんど寝て暮らしているため、共働きやひとり暮らしの人も飼うことができます。でも、見た目のかわいらしさとは裏腹に、自己主張が強く、天性のいたずら好き。草食動物《そうしょくどうぶつ》特有の慎重さや、ずるがしこい一面ももっています。うさぎと楽しく暮らすには、うさぎに対する知識をもち、しつけをしていくことが必要です。

知っていますか？
こんなうさぎの習性

うさぎには地上で暮らす野うさぎと、土に掘った巣穴のなかで暮らす穴うさぎがいます。現在ペットとして飼われているうさぎは穴うさぎです。その習性が残っています

穴を掘る

地中に潜《ひそ》むために穴を掘ります。体を隠す場所を自分でつくっていました。

夜、行動する

天敵《てんてき》から身を守るため、昼は巣穴から動かず夜に行動していました。

ものをかじる

木の幹や皮をかじることで、伸び過ぎる歯を削っていました。

草を食べる

うさぎは草食動物。草の葉や木の葉などの植物だけを食べます。

rabbit column

便を食べるのは、体のため？

うさぎの消化器官は特別のはたらきをもっています。うさぎは栄養価の低い草や葉から栄養をとるために食物中の繊維《せんい》を盲腸《もうちょう》内の腸内細菌のはたらきで、発酵《はっこう》、分解して炭水化物として利用しています。

また、盲腸のなかではタンパク質やビタミン豊富な盲腸便がつくられ、これを1日のうち、一定の時間に排出します。それを自分のお尻《しり》から食べることで、最大限の栄養を吸収することができるのです。

自分にあったうさぎを選びましょう

生活環境を見直すことから

うさぎとひと口にいっても品種によってサイズや被毛の長さ、耳の形などが違い、性質も微妙に異なります。雑種の場合は外見も性質もそれぞれです。

特徴を知って、自分のライフスタイルや生活環境にあったうさぎを選びましょう。選ぶポイントは主に体の大きさと、世話をするのにかかる手間です。

＊うさぎ選びのポイント＊

point 1 体の大きさ

育てるスペースを考える

室内で飼う場合は、飼育も運動もすべて屋内でおこなうので、うさぎの大きさに対応できるスペースが必要。

あまりスペースがない場合は小型のうさぎを選びましょう。

大型のレッキス

小型のホーランドロップ

point 2 毛の種類

お手入れにかかる時間を考える

被毛の長いうさぎは毛玉ができやすく、毎日のブラッシングなどのお手入れが欠かせません。手入れを怠《おこた》ると病気をひきおこすこともあります。時間に余裕のない人や、初心者には被毛の短いうさぎがおすすめ。また、垂《た》れ耳《みみ》のうさぎは耳のお手入れも必要です。容姿の好みだけで考えずに、自分でどのくらいのケアができるかを考えてから選んでください。

長毛のジャージーウーリー

短毛のネザーランドドワーフ

＊体の特徴を知っておきましょう＊

被毛
品種によって異なりますが、基本的にやわらかい下毛(したげ)と、やや長く硬い保護毛のダブルコートです

耳
敏感に音を聞き分けよく動きます。血管が集中していて、体温調節の役割もあります。大きさは種類によって異なり、耳の垂れたうさぎもいます

目
顔の両側についていて、片目で190度の広い視野をもっています。ほぼま後ろまで見ることができます

口
上唇(うわくちびる)には鼻下から縦に亀裂(きれつ)が入っています

肉垂《にくだれ》
大人のメスうさぎのあごの下にある肉のヒダ

足
前足は短く、後ろ足は筋肉が発達しています。前足には５本、後ろ足には４本の指があり、指には爪(つめ)が生えています。足裏全体に毛が生えていて、犬や猫のように肉球(にくきゅう)は見えません

乳首
メスには4〜5対(つい)の乳首があります。オスにも小さな乳首があります

歯
上あごに２本の第一切歯(せっし)、その裏に重なって２本の第２切歯、下あごには２本の切歯があり、切歯を左右にすり合わせて草をかみ切ります。臼歯(きゅうし)は上が左右各６本、下が左右各５本。切歯で細かくした草を臼歯ですりつぶして食べます。離乳前に乳歯から永久歯に生え変わり、一生伸び続けます

骨
肉食獣から逃れるため、骨が細く筋肉が発達しています。骨の重さは全体重の７〜８％です

感覚毛
口のまわりにあるヒゲ。根元の毛根には神経が通っていて、食べ物さがしや、地下での移動のときにセンサーになります

尾
被毛に隠れていますが、短い尻尾(しっぽ)が生えています。よく観察すると、緊張するとピンと立つなど、表情豊かなのがわかります

うさぎを手に入れるには・・・

＊ペットショップで購入＊

小動物を扱っているペットショップでは、たいていうさぎも販売しています。大型のショップならミニうさぎのほか、純血うさぎも揃《そろ》えています。

また、数は多くありませんが、うさぎ専門のペットショップもあります。専門店はうさぎの品種、毛色を豊富に揃えているだけでなく、飼育グッズや食餌《しょくじ》、うさぎ用のサプリメントなども充実しています。

ショップ選びのチェックポイント

- □ 店内、展示ケースが清潔かどうか
- □ 狭い場所につめこまれていないかどうか
- □ スタッフがうさぎに詳しいかどうか
- □ 質問に丁《てい》寧《ねい》に答えてくれるかどうか

ペットショップ、ブリーダー飼い主から入手できる

うさぎを飼いたい、でもどこで手に入れればよいのでしょう。ペットショップ、ブリーダー、知人から譲ってもらう、などの方法があります。どの場合も、うさぎの特性や性格など、先方とよく相談し、話し合ってから手に入れましょう。

rabbit column

ブリーダーって何？

うさぎの繁殖を専門におこなっている人を「ブリーダー」といいます。繁殖をしてペットショップに販売したり、個人的に譲ったりしています。

ブリーダーは同一種を繁殖していることが多いので、専門知識に富んでいます。ホームページを開設しているので、のぞいてみましょう。

rabbit column

ネットを活用して情報を集めよう

うさぎ愛好者がネット上で親睦《しんぼく》を深めています。悩み相談や飼育相談にのってくれるサイトもあります。

子うさぎが産まれた情報などもあるので、こまめにチェックしておきましょう。(P.158参照)

rabbit Q&A

Q 動物園で譲ってもらえるの?

A 譲ってもらえることがあります。ただ、いつでもできるということではないので、問い合わせておきましょう。譲渡代金など条件は要相談。

＊一般家庭で譲ってもらう＊

友人や知人など、一般家庭で産まれた子うさぎを譲ってもらいます。その場合は、近親交配がないかどうかを必ずチェックしておきます。近親交配のうさぎは健康上のトラブルが発生する可能性が高いのです。

うさぎは生後 6 週間で離乳し、その後、2 週間ほどたってから消化器官が安定します。子うさぎは体調をくずしやすいので、安定するまで母うさぎのもとに置いておくのが理想的。生後 6 週間くらいで一度見て予約をし、8 週間たってから引き取るのがベストです。

譲ってもらうときのチェックポイント

- □ ほかの兄弟が元気かどうか
- □ 母うさぎの性格
- □ 近親交配がないかどうか

健康なうさぎの選び方

＊体のここを観察＊

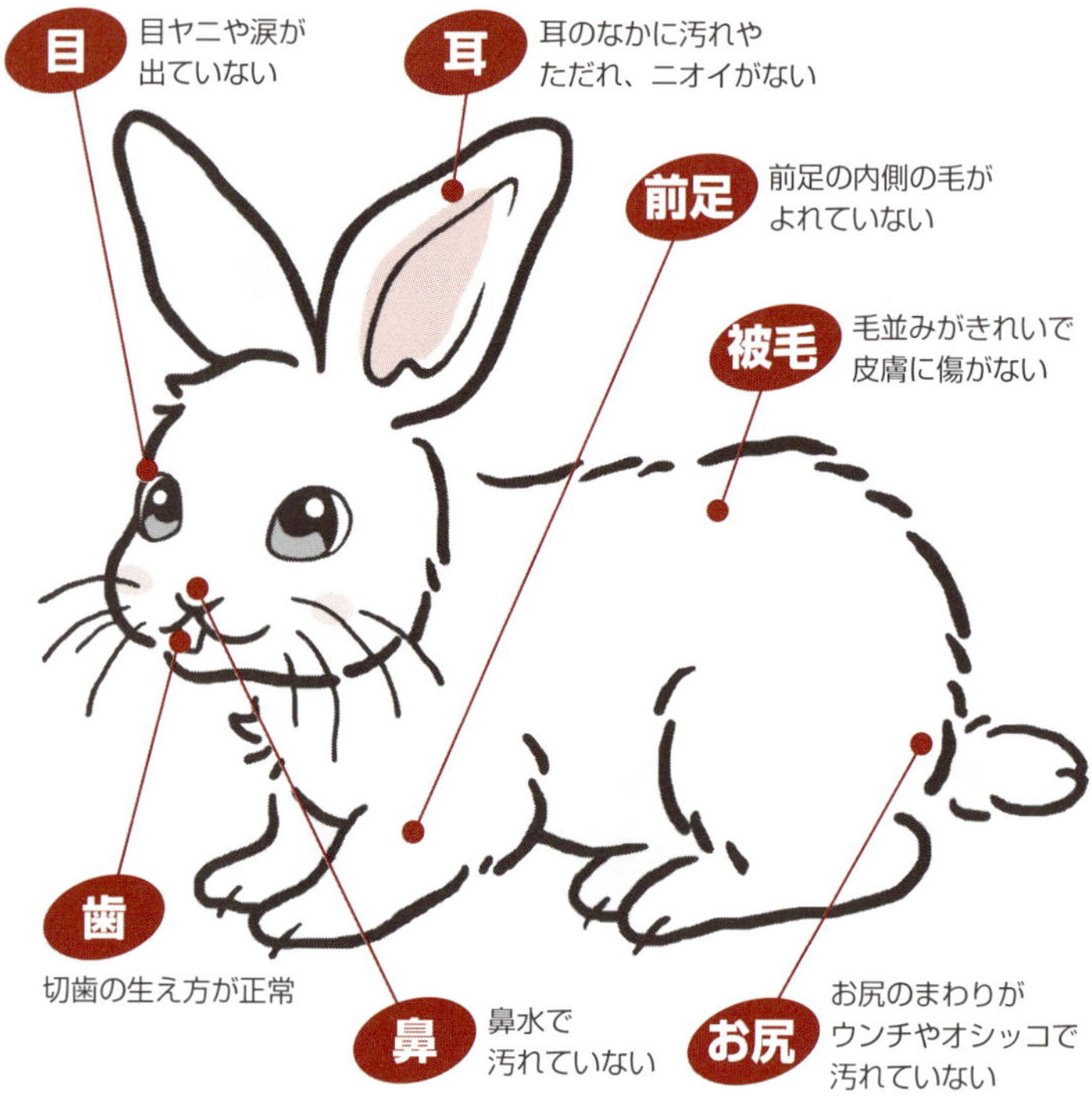
目
目ヤニや涙が出ていない
耳
耳のなかに汚れやただれ、ニオイがない
前足
前足の内側の毛がよれていない
被毛
毛並みがきれいで皮膚に傷がない
歯
切歯の生え方が正常
鼻
鼻水で汚れていない
お尻
お尻のまわりがウンチやオシッコで汚れていない

体を観察する

うさぎは夜《や》行《こう》性《せい》の動物で、昼間は寝て夕方から活発に活動します。

ペットショップでも、一般家庭でも、夕方から夜の時間帯に見に行くと本来の姿が観察できます。体をチェックして健康なうさぎを選びましょう。

何匹かの子うさぎがいるなかで、元気に跳びまわっている子は健康、好奇心をもって寄ってくる子はおおらかで人なつこい性格、と考えてよいでしょう。

生後8週間以上の子を選ぶ

うさぎに限らず動物は幼いほどかわいいもの。ペットショップの店頭では、生後4～5週間の幼いうさぎ

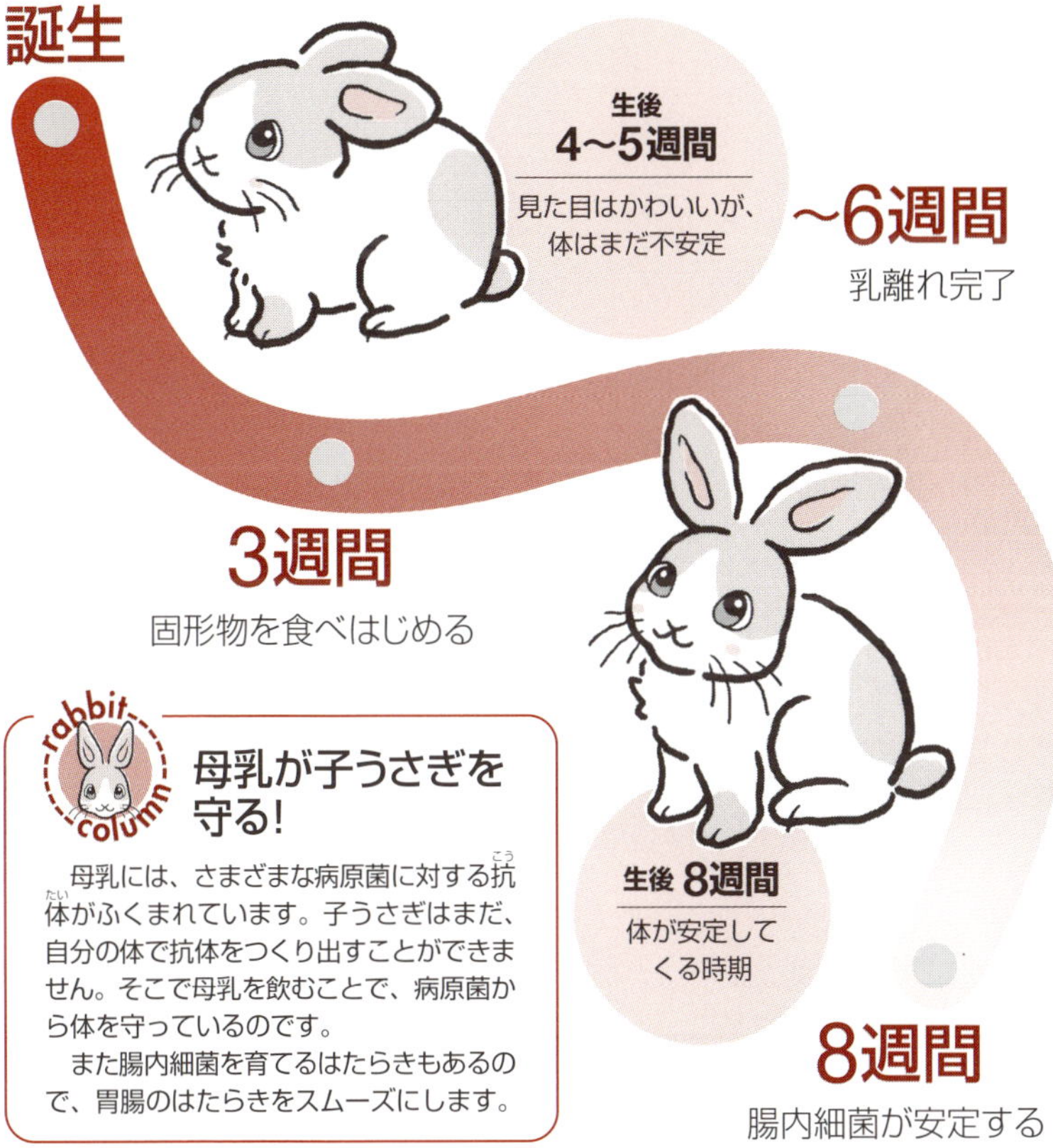
誕生
生後
4~5週間
見た目はかわいいが、
体はまだ不安定
~6週間
乳離れ完了
3週間
固形物を食べはじめる
生後 8週間
体が安定して
くる時期
8週間
腸内細菌が安定する

rabbit column

母乳が子うさぎを守る!

母乳には、さまざまな病原菌に対する抗《こう》体《たい》がふくまれています。子うさぎはまだ、自分の体で抗体をつくり出すことができません。そこで母乳を飲むことで、病原菌から体を守っているのです。

また腸内細菌を育てるはたらきもあるので、胃腸のはたらきをスムーズにします。

が売られていることが多いようですが、丈夫なうさぎを手に入れたいなら、生後6週間まで母うさぎに育てられた子を選びましょう。

うさぎは生後約3週間から乳離れをはじめますが、6週間までは固形物だけでなく母乳も飲んで育ちます。母乳は成長に欠かせない重要な栄養源であり、それが足りないとバランスのとれた成長がのぞめません。

子うさぎの腸内細菌が安定するのは生後8週間たってからです。

それまでに環境を変えると神経質なうさぎは下《げ》痢《り》をしたり、食欲が落ちたり、ひどい場合には死んでしまうこともあります。

うさぎとの暮らしで幸せなスタートを切りたいなら、愛らしさには多少欠けますが、生後8週間たったうさぎがおすすめです。

グッズを揃《そろ》えるポイント

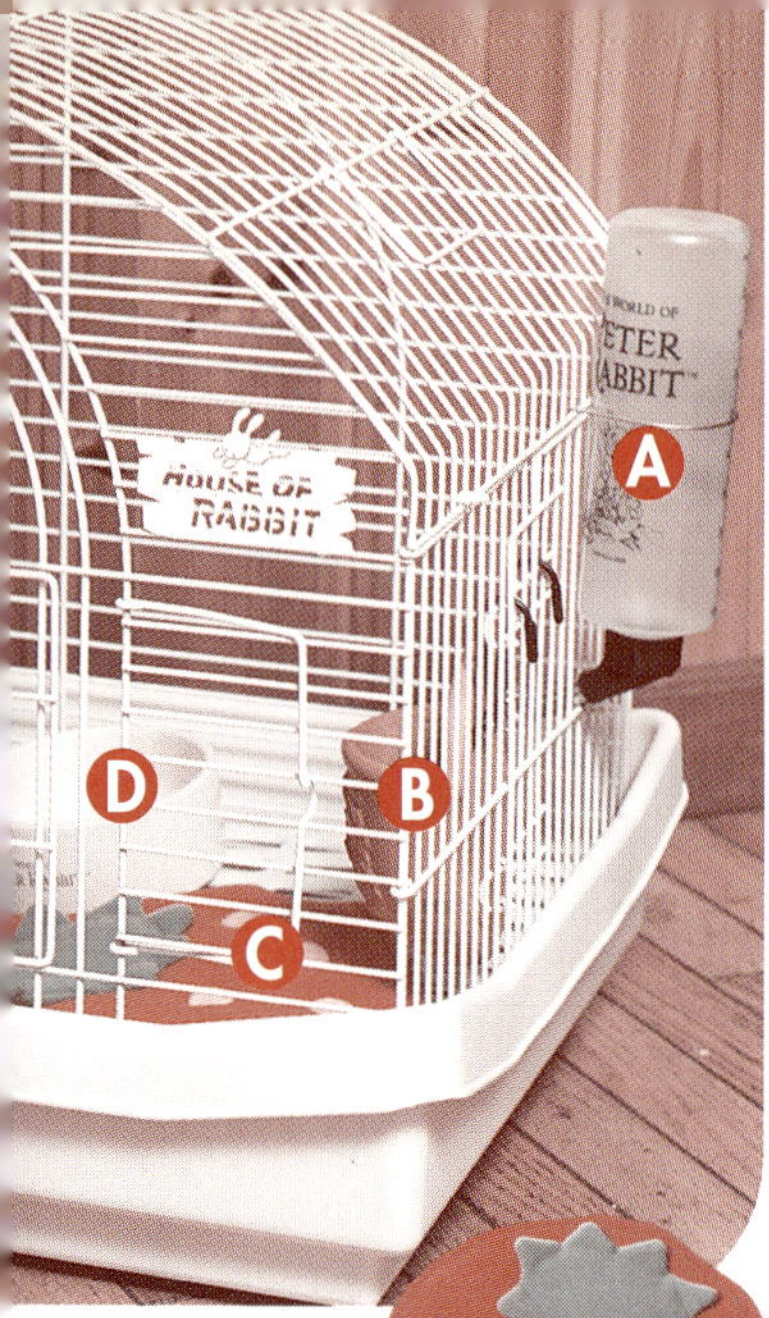

A 水飲み器

うさぎは湿気に弱い動物です。水が体にかからないようにこぼれにくい器を選びます。誤ってひっくり返したり、足をつっこんだりしないよう皿型よりも、ボトル型がおすすめ。外付けならケージ内のスペースもとりません。

B 干し草入れ&干し草

うさぎの主食は干し草です。干し草入れはケージに掛けるタイプにすると場所をとらず安定します。

C マット

うさぎの寝床。場所に余裕があれば巣箱を置いてあげましょう。

＊出産のとき以外は、巣箱は必ずしも必要ではありません。

うさぎの暮らしに必要なグッズと選び方

必要なグッズは飼育環境によって違いますが、屋内で1匹を飼う場合に必要なグッズを紹介しましょう。

まず、必要なのは飼育用のケージ。室内で放し飼いにする場合でも、寝床やしつけ、掃除中などの事故防止や、預けたりするときのためにケージは必需品《ひつじゅひん》です。適切なケージのサイズは飼い方によって異なります。1日1回外に出して運動をさせる場合は、うさぎが成長したときに、立ち上がっても頭がぶつからない高さと、横になって体を伸ばしたときに前後の足が触れないだけの幅、そこにトイレ、食器を置いても、少し遊べるスペースがあれば大丈夫。ケージに入れたままで飼うなら、運動できるように、最低でも3歩跳べるくらいの広さが必要です。

　目安は外に出して運動させるうさぎ用ケージの約3倍。それより大きくてもかまいませんが、掃除が大変になります。

　ケージのなかには、スノコ、水飲み器、食器、干し草入れ、トイレ、マットを入れてやりましょう。

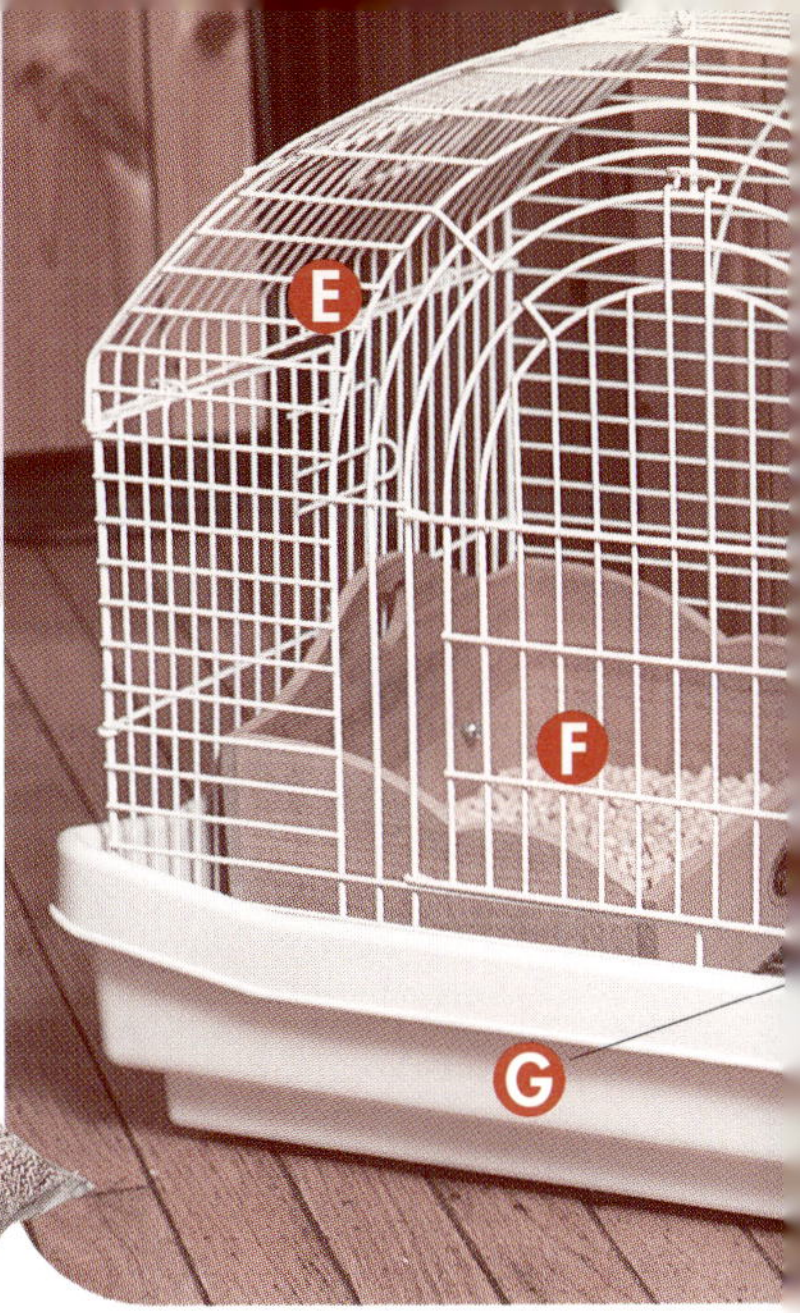

E ケージ

うさぎの大きさに最適なサイズを選びましょう。ケージが小さすぎるとうさぎが汚れやすくなります。

F トイレ&トイレ砂

素材は木や金属、プラスチック。形は四角、三角などがあります。しゃがんで体がすっぽり入るサイズが必要。トイレのなかには、トイレ砂、ペットシーツなどを敷きます。

G スノコ

ケージの床にスノコを敷いておくと、トイレに失敗してもオシッコやウンチが下に落ちて体が汚れません。床にあらかじめ金網が敷いてある場合も、スノコは必要。金網は足を傷めることがあります。

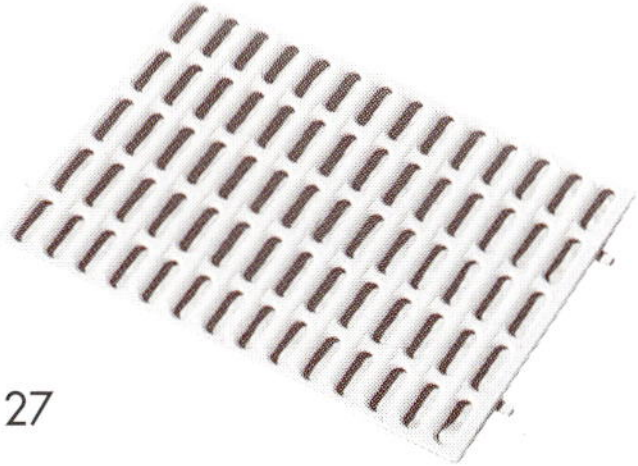

D 食器

プラスチック製、金属製、陶器などの種類がありますが、安定感と重量のあるものを。軽いものだとご機嫌ななめのときにかんだり、振りまわしたりします。

ほかにも揃えておきたいグッズ

うさぎが慣れてきたら徐々に揃えましょう

うさぎを迎えるときには必ずしも必要ではありませんが、うさぎとの生活を楽しむために揃えておきたいグッズがあります。

遊び道具やお出かけ道具、グルーミングの道具などです。

うさぎと外出を楽しみたいと考えている人は、キャリーケースやリードを揃えておきましょう。わらハウス、かじり木、おもちゃはうさぎが楽しく遊べるうえに、実用的です。

うさぎが家に慣れてきたら、これらを第二段階のグッズとして徐々に揃えていきましょう。

[おもちゃ]

なかをくぐったり、登ったりとケージのなかでも運動不足が解消できます。連結のワイヤーで形が自由自在に変えられます。かじることもできるので、かじり木にもなります。

[ペットクーラー ペットヒーター]

うさぎは暑さ、寒さが苦手です。夏場はケージのなかに保冷器、冬場は保温器を入れてやりましょう。かじったり水にぬれたりしても安全なように、コードガードと防水機能のあるものを。

ペットクーラー

[かじり木]

うさぎはものをかじるのが大好き。いつでもうさぎがかじれるように、おもちゃ代わりにケージのなかに入れてやりましょう。乾燥させた木の枝でもかまいません。

[サークル]

広い場所で遊ばせたいときや、ケージを掃除するとき、ドアからの脱走防止に、あると便利。低いサークルだと跳び越えることもあるので注意が必要です。

[ブラシ]

お手入れの基本はブラッシング。細い金属ピンが埋めこまれたスリッカーブラシやピンブラシ、ゴム製のラバーブラシなどがうさぎ・小動物用として市販されています。

[シャンプー]

シャンプー後の毛づくろいでなめても平気なように、刺激の少ないうさぎ用を選びましょう。

[ペット用爪《つめ》切り]

室内で飼っていると爪が伸びます。人間用の爪切りはつかいにくいので、犬・猫用の爪切りでカットを。

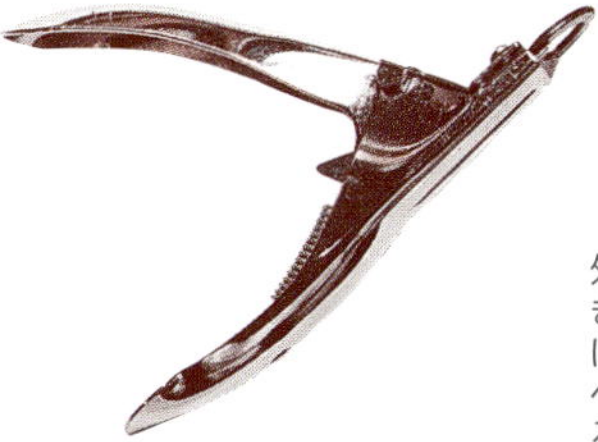

[リード]

外へ散歩に行くならうさぎ・小動物用のリードをつけて連れて行きましょう。ベストにリードがつけられるタイプは脱げなくて便利。ほかに首輪付きと、ハーネス付きがあります。

[キャリーケース]

動物病院に行くときや、旅行に連れて行くときにはキャリーケースで。出し入れしやすいタイプを。

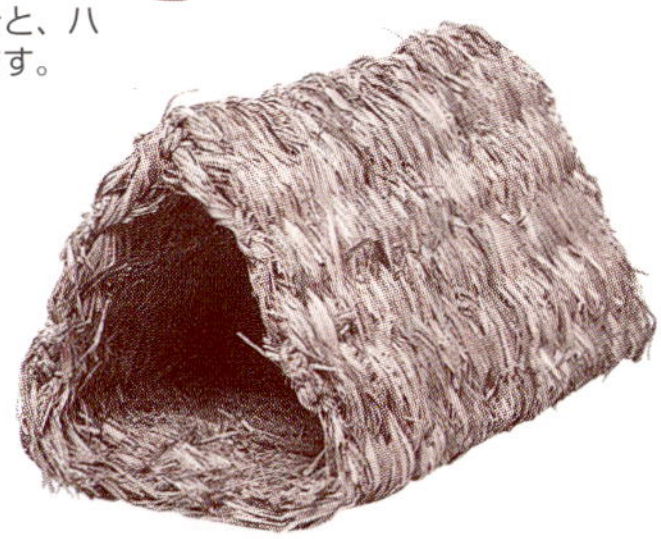

[わらハウス]

なかでくつろげます。わらでできているので、食べたり、かじったりもできます。さまざまな形があります。

[バンダナ]

首に結んでオシャレを楽しみます。ワンタッチで着脱できるバックルタイプ。

快適な部屋づくり

STYLE 1

ケージのなかに入れておく

ふだんはケージのなかに入れておき、一定時間外に出して遊ばせる。

STYLE 2

部屋のなかで放し飼いにする

ケージの扉をあけっ放しにして部屋のなかで放し飼いにする。

うさぎの飼育スタイルを決めよう

うさぎを室内で飼うには、大まかに分けると上のように3つのスタイルがあります。家の広さや飼い主の生活に応じて、決めましょう。

飼育スタイルが決まったら、快適な場所にケージを置きます。うさぎは暑さや寒さが苦手。湿気が少なく、直射日光が当たらず、寒暖の差が少なく、冬はすきま風の入らない場所が最適な飼育場所です。臆病《おくびょう》な性質を刺激しないよう、テレビの横など大きな音のする場所も避けましょう。静かな部屋のコーナーに置くのがベストです。

うさぎは天性のいたずら好きです。好奇心たっぷりで家のなかのものをかじったり、狭いところに入りこんだりします。放し飼いでも、一

STYLE 3

サークルで囲い そのなかに ケージを入れる

ケージをサークルで囲い、そのなかで放す。

ケージの置き場所は、落ち着けることがポイント

1 湿気が少ない
2 直射日光が当たらない
3 大きな音がしない
4 寒暖の差がない
5 すきま風が入らない

rabbit column

ベランダで飼育できる？

ベランダで飼育することも可能です。その場合は足を傷めないようにベランダにスノコなどを敷いて、暑さ寒さや雨風が防げる巣箱を用意してやりましょう。夏場は直射日光が当たらないように、日よけなどの工夫も必要です。また、誤ってベランダから跳び出さないようにサークルやフェンスでガードします。

定時間ケージの外に出す場合でも、放す部屋は決めておきましょう。テリトリーを制限しておくことは、しつけのためにも必要です。

安全に遊べる部屋をつくります

＊安全を考えた部屋づくり＊

Ⓐカーテン

とくに生後1年くらいまではいたずらが大好き。カーテンなどの布類もかじるので届かないところで結んでおきます。

Ⓑ家具のすき間、押入れ

うさぎは狭くて暗いところに入りたがる習性があります。しかし、上手にバックができないため、つまって身動きがとれなくなることも。すき間はクッションやサークルでふさいでおくと安心です。

Ⓒ床

フローリングの床は足が滑って、足腰を傷めます。床には滑らないようカーペットかマットなどを敷きます。

Ⓓ家具

テーブルの足や、タンスの角もかじりやすいポイント。かじられるのがいやならサークルや段ボールでガードを。

E 電気コード

かじっても安全なように、カバーで覆うか、プラグをコンセントから抜いておきます。

F ドア

ふだんはおとなしくても、すばしっこくて跳躍力があります。ふとした拍子に脱走しないようにドアにはサークルを。サークルを跳び越えてしまうこともあるので、越えられない高さのあるものを選びます。

G 椅《い》子《す》、テーブルなど

ジャンプ力は抜群。高いテーブルに跳び乗ってしまうこともありますが、跳び下りるときに骨折したり、顔面を強打したりすることも。小さなうさぎには高い椅子も危険です。高さのある家具はできるだけ置かないように。

部屋に工夫をして、安全確保を

うさぎはいたずら好きで好奇心旺《おう》盛《せい》。部屋のなかをあちこち探索する姿はかわいいものですが、コードをかじって感電したり、高いところから跳び下りて骨折したりといった事故が心配でもあります。

部屋のなかには意外に危険なものがあります。

また、カーテンや家具をかじるいたずらも困ったものです。部屋に工夫をして、安心してうさぎを放せるようにしましょう。

うさぎの安全を守るのは飼い主としてのつとめです。

必ず室内をチェックしてから、うさぎを放す習慣をつけ、放している間はできるだけ目を離さないようにします。

うさぎを迎えるプログラム

＊家に連れ帰るときの＊

注意点

- 今までつかっていたタオルや布を箱に敷く
- うさぎをケージや箱に入れ、振動を与えないように移動する
- 乗り物のなかでは、箱をひざの上に置く

＊家に入ったら＊

注意点

- ケージに入れたらそっとしておく
- 声をかけない、さわらない

最初の1週間が大切

草食動物であるうさぎは用心深く、環境の変化に敏感です。とくに子うさぎは社会経験がなく、環境に対して神経質で、十分な体力もありません。ショップから家に連れてくると、緊張と恐怖から体調をくずして下痢をしたり、ひどいときには飼いはじめて1週間くらいで命を落としてしまうこともあります。

健康で元気に育てるには、最初の1週間はうさぎを刺激しないよう注意深く接することが大切です。

とくに生後8週間未満の子うさぎは、胃腸が安定していないので気をつけましょう。

＊家に慣れさせる1週間プログラム＊

1・2日め ケージのなかで静かに過ごさせます。

3日め やさしく声をかけながら、ケージのなかに手を入れて眉間(みけん)や背中を軽くなでてやりましょう。うさぎがストレスを感じて疲れないように、最初のふれあいは1日10分くらいが適当。

4日め 10〜20分ケージから出してあげます。初めて外に出したとき、人間が追いかけるとうさぎはおびえて逃げてしまいます。あまり動かずに待っていましょう。うさぎは好奇心旺盛なので人間がじっとしていると近寄ってきます。近づいてきてもさわるのはちょっと待って。人間はこわくないと納得するまで、十分にニオイをかいだりなめたりさせます。緊張した様子がなければなでてあげましょう。うさぎはグルーミングが大好きで、眉間や背中をなでてもらうと喜びます。手からおやつなどの食べ物を与えるのも早く仲良くなる方法です。

5・6日め ケージから出したときに抱っこをしてみましょう(抱き方はP.52参照)。慣れてきたようであればいっしょに遊んで、1週間めからトイレのしつけをはじめます。

以上はあくまで平均的なプログラム。食欲が落ちる、ビクビクしているなどの状態なら、様子を見ながらゆっくり慣らします。

家が安全な場所と教えます

最初はむやみにさわったり抱いたりしようとせず、子うさぎに声をかけるのも控えましょう。飼い主はなぐさめて安心させるつもりでも、神経質になっている子うさぎをこわがらせてしまいます。

家に来てすぐに活発に動きまわるうさぎもいますが、緊張して興奮状態になっているからです。また、積極的に近寄ってきても、それは飼い主と遊びたいからではありません。内心ビクビクしながら危険がないかどうかを試しているのです。

最初の1、2日は食餌と水を与える以外は、外から見守りながらケージのなかで静かに過ごさせ、ここは自分にとって安全な場所だということを納得させます。

1匹で飼うのが理想的

うさぎは多頭飼いがむずかしい

うさぎを飼いはじめてしばらくすると、「1匹では寂しそうだから」「たくさんいたほうが楽しいから」といった理由で、複数で飼いたくなってしまいがち。しかし、うさぎはなわばり意識が強く、多頭飼いがむずかしい動物です。臆病なだけに自分のテリトリーに対する執着《しゅうちゃく》が強く、そこにほかのうさぎが入ってくることをいやがります。

例外もありますが、家のなかでオス同士を飼った場合、広いテリトリーを必要とするオスは限られたスペースを争って激しいケンカになります。ケージやサークルで分けても、お互いの存在がストレスになって安心して暮らせません。

メスも出産や子育てのために、自

テリトリー争いをします

出産や子育てのためテリトリー争いをします

♂オス&メス♀

あっちいって!!

ねーねーあそぼ!

子育てのため、メスはオスをうとんじます

知っておこう、うさぎの習性

うさぎはなわばり意識が強い

↓

多頭飼いがむずかしい

分だけの安心できるテリトリーを求めます。いっしょに育った姉妹などは仲良く暮らすこともありますが、多くの場合、メス同士でもケンカになってしまいます。

　オス、メスのペアは相性がよければいっしょに暮らせますが、どんどん子どもができてしまいます。

　うさぎのメスは常に発情しているので1年に何度も子どもを産むことができ、出産すると子育てのためにメスはオスをうとんじるようになります。ケージやサークルで分けていると妊娠は防げますが、交尾したいという本能を無理に抑えるとストレスがたまります。

　避妊《ひにん》・去勢《きょせい》をすればなわばり意識が減って、多頭飼いしやすくなりますが、やはりうさぎは1匹で飼うのがおすすめです。

ほかの動物との相性を考慮

犬や猫とならスムーズな出会いを考えて

うさぎ同士だとトラブルになりがちですが、犬や猫とは比較的仲良く暮らせます。肉食獣でもペットとして長い歴史と高い知能をもつ犬や猫は、飼い主がかわいがっているうさぎを仲間と考え、うさぎも害がないとわかれば犬や猫に平気で近寄っていきます。

仲良くするには最初の出会いが大切です。最初にうさぎがいて、後から子猫や子犬がくるときには問題はありませんが、先に犬や猫がいて、後からうさぎがくると慣れるまでに時間がかかります。

最初はお互いにケージに入れてお見合いをさせ、お互いが興奮しなくなるまで待ちましょう。それから、ケージから出し、うさぎを抱っこして犬や猫に近づけます。なかには猟欲が強くうさぎを狩りたいという本能が抑えられない犬や猫もいます。その場合はいっしょに暮らすには無理があります。

うさぎから目を離さないようにします

また、ふだんは仲良くしていても、犬や猫は本能を抑えてうさぎと仲良くしているということを忘れずに。事故の責任は加害者となった動物にではなく、飼い主にあります。何かの拍子に本能が出る可能性もあるので、犬や猫の前でうさぎを放すときには、必ず飼い主が目を離さないようにします。

ハムスターやモルモットもうさぎと仲良く暮らしますが、共通の感染症があり、感染した場合、うさぎは平気でもモルモットは命にかかわる肺炎をおこすことがあります。

肉食獣であるいたち科のフェレットは、犬や猫と違ってうさぎを仲間と認識することは少なく、うさぎも多くの場合フェレットをこわがります。安全のためにはうさぎと同居はやめたほうがよいでしょう。

＊仲良く暮らせる動物＊

コンパニオンアニマルとしての歴史が長い動物が、多頭飼いに向いています。
それでも最初の出会いを慎重におこないましょう。

＊最初の出会いが肝心です！＊

うさぎを抱いて犬に近づけます。落ち着かせるため、
うさぎの体をなでたり、やさしく声をかけたりします。

相性一覧

犬	○	うさぎが先で、子犬を迎えるのがベター
猫	○	うさぎが先で、子猫を迎えるのがベター
ハムスター	△	感染症に注意
フェレット	×	狩りの対象となるので注意

rabbit column

うさぎの名前を考えましょう

待ちに待ったうさぎがやってきました。
もう家族の一員です。ステキな名前で呼んであげたいもの。
体形や被毛の色、性別など
いろいろな要素を参考にして、名前をつけてあげましょう。

ジャージーウーリー

被毛の色 からのネーミング

- ★**ブラン**（フランス語で「白」）
- ★**ホワイト**（英語で「白」）
- ★**チャチャ**（「茶色」の意味から）
- ★**グレン**（「グレー」から）

体形 からのネーミング

- ★**まる**（丸い体形から）
- ★**コロ**（コロコロしているから）
- ★**ミミ**（長い耳から）

動作 からのネーミング

- ★**プル**（プルプル動くから）
- ★**ピー**（ぴょんぴょん跳ぶから）
- ★**シュー太**（瞬発力があるから）

性別 からのネーミング

オス

太郎、ジョン、ビル、ピーター、
ピョン吉、ツヨシ

メス

花子、メグ、アリス、ラム、
愛、夢子

第2章

年代別に考えた育て方

ジャージーウーリー

飼育の基本をおさえましょう

飼い主の生活サイクルを優先

室内でいっしょに暮らすために、まずはうさぎ本来の生活サイクルを把握《はあく》しておきましょう。

このサイクルにそって世話をおこなうのがベストですが、毎日決まった時間に必ず食餌《しょくじ》を与え、運動させる必要はありません。

また、うさぎは決まった時間にもらうことに慣れると、少しでも時間がずれると、食べ物や遊びをさいそくするようになります。うさぎ優先の生活はストレスを生むもと。いっしょに楽しく暮らすには、うさぎの習性に配慮《はいりょ》しながら、飼い主の生活サイクルを優先させましょう。

飼育の基本メニュー
毎日
朝夕1日2回の食餌
飲み水の交換
トイレの掃除
運動
ブラッシング
週に1度
ケージの大掃除
1週間か10日に1度
シャンプー
月に1度
爪《つめ》切り

ネザーランドドワーフ

知っておきたい うさぎの生活サイクル

1日のスタート

夕方

夕方に起きて食餌を食べ、活発に動きはじめます。

夜から夜中にかけて

昼間よりよく活動します。活動の合い間にときどき休みます。

明け方ごろ

食餌を食べてから眠ります。

昼間

ほとんど寝ていますが、草《そう》食動物《しょくどうぶつ》特有の警戒心で、もの音には敏感。小さな音や気配ですぐに起きてしまい、目をあけたまま眠ることも珍しくありません。

食餌は干し草とラビットフード

ラビットフード

粉にした干し草が主成分で、そのほか様々な食材がミックスされています。

利点 効率よく必要な栄養素がとれます。

欠点 干し草にくらべて繊維《せんい》質《しつ》が少なく、こればかり食べさせると毛球《もうきゅう》症《しょう》(P.120参照)になりやすくなったり、臼歯《きゅうし》にも悪影響をおよぼします。また、干し草にくらべてカロリーも高いため、食べ過ぎると太ってしまいます。

干し草

チモシーやアルファルファなどの牧草を干したものです。

利点 繊維質が多く、消化器官を健康にします。

欠点 嗜好性《しこうせい》に欠けます。

干し草をメインに与えます

うさぎの食餌《しょくじ》は干し草とラビットフードです。ラビットフードとは数十種類の草や穀物《こくもつ》や野菜などを原料とした固形《こけい》飼料《しりょう》のこと。うさぎは本来ならば草や木の葉を食べて生きている動物です。草だけでもよいのですが、家庭では必要な栄養をすべて草から与えるのは大変です。

栄養補給のために、種々の栄養素をバランスよくふくんだラビットフードを干し草といっしょに与えるとよいでしょう。

干し草とラビットフードをバランスよく食べるのが理想ですが、うさぎは干し草よりもラビットフードの

＊干し草には2種類あります＊

豆科のアルファルファ

アルファルファはチモシーにくらべて、タンパク質、カルシウム、カロリーが高め。成長期のうさぎ向きです。おとなのうさぎにとっては肥満のもとになるだけでなく、カルシウム過多による尿石症《にょうせきしょう》(P.127参照)などの原因にもなります。

イネ科のチモシー

チモシーには固い1番刈りと、ソフトタイプがあります。歯の健康のためには1番刈りがおすすめですが、年をとったうさぎや歯の悪いうさぎにはソフトタイプを選びましょう。

ほうを好みます。ラビットフードばかり食べないように、干し草はメインの食餌としていつでも食べられるようにしておき、ラビットフードは朝と夕方に決まった量だけ与えましょう。干し草は、干し草入れに入れておくほか、ケージのなかに敷きつめてもかまいません。

干し草は香りが命！

干し草は香りが消えるとうさぎが食べなくなるので、新鮮なものを少量ずつ買い求めるようにしましょう。

かしこい食餌の与え方

＊フード選びのポイント＊

保証成分。粗タンパク質、粗脂肪、粗繊維、粗灰分、水分、カルシウム、リンを%で表示。

コバルト、銅などそのほかの成分。

100g中のカロリー。

主な原材料。アルファルファミール、とうもろこし、小麦粉、脱脂大豆、ふすま、脱脂米、糠《ぬか》、植物抽出エキス、各種ビタミン、ミネラル類など。

フードの種類と選び方

ドッグフードやキャットフードと同じように、ペットショップではさまざまなタイプのラビットフードが売られています。各年代ごとに必要な栄養素を配合《はいごう》したものや、ウンチのニオイを軽くする脱臭効果《だっしゅうこうか》が期待できるフードもあります。

フード選びのチェックポイントは成分と形、固さです。成分は繊維質《せんいしつ》が多く、タンパク質とカルシウムが低いフードがベスト。とくにカルシウムが多いと尿石症《にょうせきしょう》（P.127参照）や腎臓、血管のカルシウム沈着《ちんちゃく》をひきおこすこともあります。パッケージの成分表の数字ができるだけ詳しく記載された商品がおすすめです。

小粒でソフトなフードは歯に負担をかけません。フードが固過ぎると、

おやつは特別なときにだけ

栄養的には干し草とラビットフードで十分ですが、おやつや副食は、うさぎにとっておいしいもの。喜んで食べるので、しつけ時のごほうびや、病気で食欲のないときに食べさせてやりましょう。しかし、それ以外には与えてはいけません。

おやつや副食には高カロリー食品が多く、食べ過ぎは、肥満や病気のもとになるので注意が必要です。与える量は、主食の1割以内におさえ、その日は、フードを与えた分減らします。

うさぎは慣れない食べ物は食べたがらない傾向があります。しつけや体調不良のときに、有効におやつをつかえるように、子うさぎのときからおやつの味に慣らす練習を。おやつはさまざまな種類が市販されています。

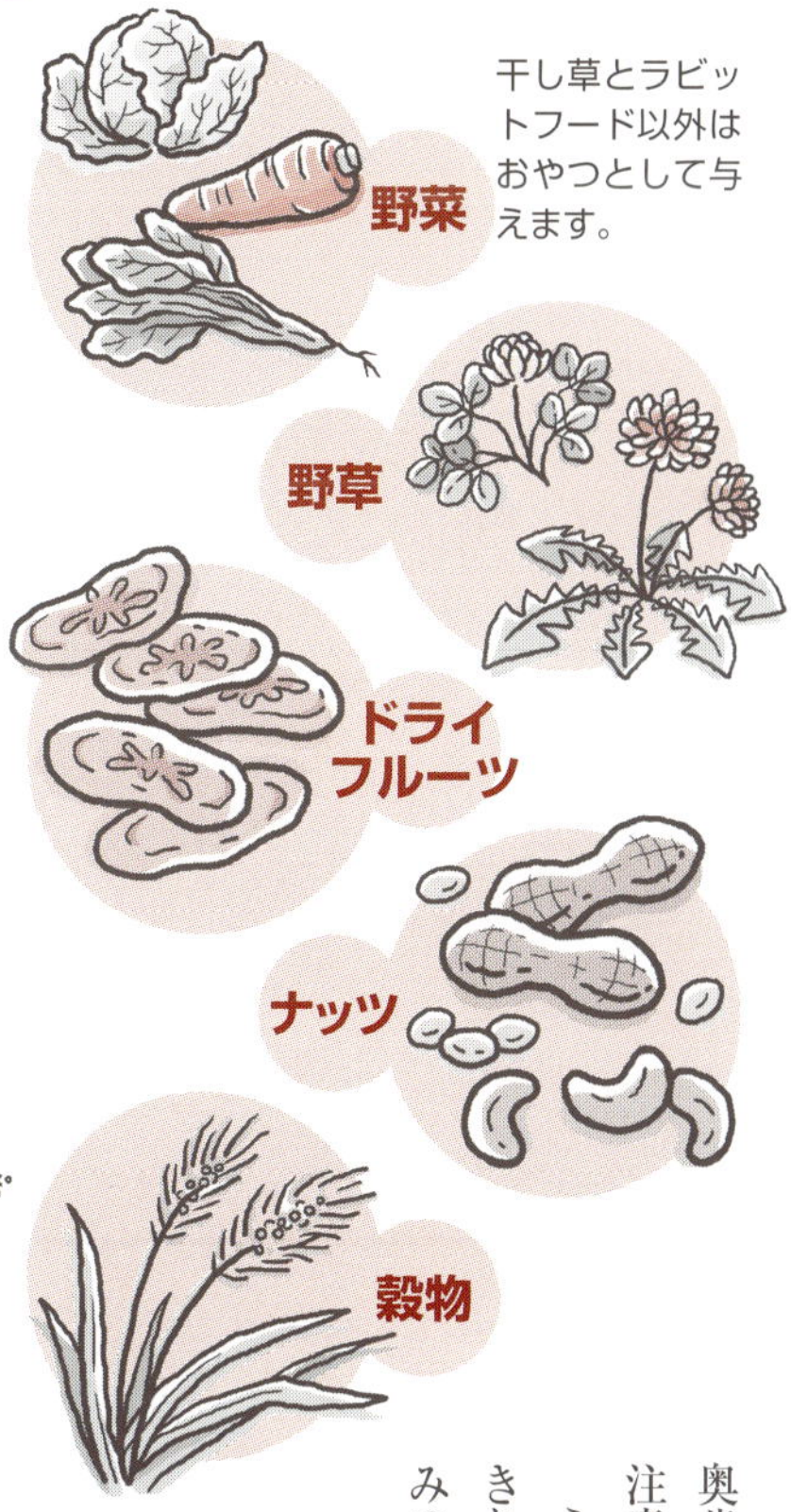

干し草とラビットフード以外はおやつとして与えます。

rabbit column

サプリメントは目的を考えて!

うさぎのためのサプリメントも売られています。代表的なものに、胃のなかにたまった毛を排泄《はいせつ》させる毛球症《もうきゅうしょう》予防を目的としたものや、整腸作用があるとされるタブレットがあります。上手に使いましょう。

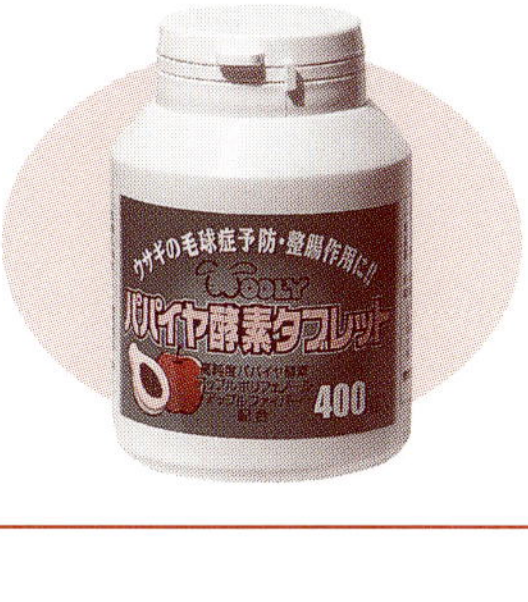

奥歯のトラブルがおきやすいので要注意です。

うさぎは食べ物の好き嫌いがはっきりしています。いろいろ試して好みのフードを見つけましょう。

与えてはいけない食べ物を知っておこう

与える食材に注意して

人間が食べる野菜のほとんどは、うさぎに食べさせても大丈夫。しかし、なかには食べさせてはいけないものもあります。タマネギ、ネギなどのネギ類や、ニンニク、アボカド、ジャガイモの皮や芽は食べると中毒をおこします。

デンプン質の多いサツマイモやジャガイモは太りやすいだけでなく、腸に大きな負担をかけるので、与えるならごく少量でおやつ程度にします。

身近な野草のなかでは、オオバコ、

中毒をおこす食べ物

タマネギ、ネギ
ニンニク、アボカド
ジャガイモの皮・芽

毒になる草花

アサガオ
シクラメン
ワラビ

デンプン質が多く、太る、腸の負担になる食べ物

サツマイモ
ジャガイモ

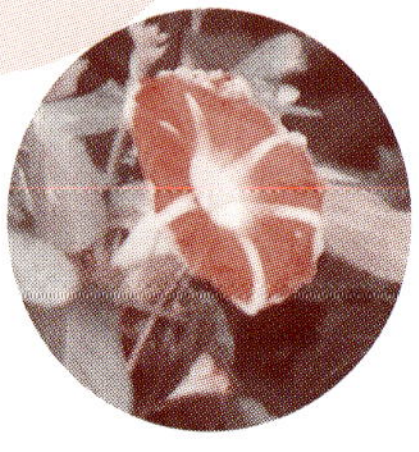

クローバー、タンポポ、シロツメクサ、レンゲ、ナズナなどが食べられます。アサガオ、シクラメン、ワラビなどうさぎにとっては有害な草花もあるので、食べても絶対安全とわかる植物しか食べさせないようにします。

人間の食べ物は食べさせないで

好奇心旺盛《おうせい》なうさぎは人間の食べ物にも興味津々《きょうみしんしん》。試しに与えてみると、いろいろなものを食べます。なかでも、ビスケットやケーキ、アイスクリームといった甘いお菓子が大好き。1度味を覚えてしまうと、かわいいしぐさでねだるので、ついつい与えてしまう飼い主も多いようです。しかし、糖分や脂肪分が多いお菓子をはじめ、味のついた食べ物はうさぎの体に害になります。

＊人間の食べ物は与えない＊

rabbit column うさぎは草食動物

草食動物であるうさぎに本来は必要のないバターや牛乳などの動物性食品は、肥満や胃腸障害をおこす原因となります。

食べるからといって、肉や魚を与える飼い主もいますが、とんでもないこと。うさぎの健康を考えるなら、干し草、ラビットフードと、少量の野菜や野草などのおやつ、という食生活を守りましょう。

1日1回はケージの外で運動を

外でストレスと運動不足解消を

うさぎには適度な運動が必要ですから、やはり1日1回はケージから出して、ストレスと運動不足を解消してやりたいもの。外へ出したら、いっしょに遊んでやりましょう。ボール遊びや、トンネルくぐりがうさぎの好きな遊びです。

うさぎがものをかじって飲みこんだり、家具のすき間に入ったり、高いところから跳び下りたりしないように、ケージから出す前には必ず部屋の安全チェックを。外で遊んでいる間は目を離さないように気をつけます。

遊ぶ時間はしつけの時間でもあります。ケージをかじって「出して」と要求されても出さない、いたずらをしたら叱《しか》るなど、甘やかさないことが大切です。

＊うさぎの好きな遊び＊

ボール遊び

お気に入りのボールを用意します。最初はボールを転がして、慣れさせます。とりに行くようになったら、投げる距離を延ばします。

疲れたサインを読みとって！

最初は元気に遊んでいたのに、あまり動かなくなったら、疲れたというサイン。ケージのなかに戻します。無理やり遊ばせると、遊ぶこと自体が嫌いになってしまいます。動かなくなったら、ケージで休ませましょう。

トンネルくぐり

地中の穴にもぐる習性をもつうさぎは、トンネルが大好きです。市販されているトンネルや段ボールをつなぎあわせて、くぐらせましょう。

外出時の注意点

1 目的地まではケージで行く
2 リードをつける
3 犬や猫に注意する
4 寄生虫がいるような草むらには入らせない

外出にはケージやリードを使う

1日1回、部屋のなかで運動をさせていれば、うさぎを外に運動に連れて行く必要はありません。むしろ、外での運動には、病原菌《びょうげんきん》や、ノミ、ダニなどの寄生虫《きせいちゅう》に感染するリスクがあります。犬や猫に襲われる危険性も考えなくてはいけません。

外に遊びに行くときは、目的地までケージに入れて行き、そこで周辺に危険がないかどうかを、よく確かめてから外に出してやりましょう。

広い場所でのうさぎの行動は予測がつかないもの。突然、猛スピードで走り出すことがあります。

走るうさぎを見て狩猟本能《しゅりょうほんのう》が刺激される犬もいるので、外に出すときには、安全のためにリードをつけましょう。

うさぎの抱き方をマスターしましょう

抱き方のポイントはやさしく、毅《き》然《ぜん》と

うさぎをケージから出し入れしたり、手入れや健康チェックしたりするには、抱くことが必要です。うさぎを傷つけない正しい抱き方をマスターしましょう。

＊ひざの上にのせる＊

片手でうさぎの肩をおさえ、もう片方の手をうさぎの胸の下に入れます。次に肩をおさえた手をお尻までもっていき、お尻をしっかりもって、そのまますくいあげるように持ち上げて、ひざの上に置きます。胸の下に入れた手をうさぎの肩に置きかえると、うさぎの動きが制限できます。

途中でやめない

うさぎの胸やおなかを圧迫しないように注意。もし、いやがっても途中で放してはいけません。途中で放すと、抱かれるのをいやがって暴れるようになります。

ひざの上で仰向《あおむ》けにして抱く

うさぎの両脇に両手を入れて、脇の下の皮膚をしっかりつかみます。そのまま持ち上げて、ひざの上に座らせます。

rabbit column 耳を持つのは、やめて！

家畜として飼育されているうさぎは、耳をつかんで持ち上げることもあります。しかし、これは危険でうさぎもいやがります。

慣れていないと上手に耳をつかむことができません。うさぎは家庭ではパートナーです。乱暴にあつかわずにやさしく接しましょう。

暴れてなかなか抱けないときは…

最初に一方の手で、首の皮膚をいっぱいにつかんで持ち上げます。それから、もう一方の手でお尻を抱きかかえて、うさぎの体を丸めて抱きます。こうすればうさぎは抵抗することができません。

うさぎのボディーランゲージを理解しましょう

しぐさで気持ちを表現します

うさぎは犬や猫と違って、なくことはありません。その分、しぐさで表現をします。

よく観察して、うさぎの発信するメッセージをキャッチしましょう。

●後ろ足をふみならす

「危ない！」

仲間に危険を知らせるときは、後ろ足で激しく床をふみならします。

●人間に毛の手入れをさせる

「女王様は私なのよ」

うさぎは人間に毛の手入れをされるのが大好き。飼い主の手をなめたり、頭で突いたりするのは、毛の手入れのおねだりです。

レッキス

●尻尾《しっぽ》をふる

「とってもごきげんです」

犬と同じで尻尾をふるのはきげんがよいサイン。尻尾とお尻のあたりをピクピクさせます。

●腹ばいに寝そべる

「くつろいでいます」

足を伸ばして寝そべっているときは、安心してリラックスしています。

●後ろ足で立ち上がってあたりを見まわす

「危険が接近！ 注意！」

何かを感じると立ち上がって遠くをチェック。野生のうさぎが巣穴の入り口でとる警戒のポーズと同じです。

●鼻と口でものをさぐる

「これは一体何ですか？」

ニオイをかぎ、口のまわりの感覚毛で興味のあるものをチェックします。

●耳を緊張させて動かす

「ん、あの音は何ですか？」

慣れない音や、食器の音がすると、耳を立てて音がするところをさぐろうとします。

●シーッと音を出す、うなる

「ごきげんななめになりました」

毛づくろいをじゃまされたり、テリトリーを侵されたと感じたときには、シーッと音を出し、うなります。

●あごをこすりつける

「ここは私のなわばりです」

飼い主や、ものにあごをスリスリ。あごの下にある分泌腺《ぶんぴつせん》から出る分泌物（人間には無臭）でニオイづけをして、自分のテリトリーであるということを示します。

●なでられて歯をカチカチならす

「とってもよい気持ちです」

毛のお手入れ中に、リラックスして歯を細かくならすのは気持ちよいしるし。

rabbit column

怒り爆発までの4段階

第1段階

ちょっと気にさわりました＝耳を緊張させてぴたりと背中につけます

第2段階

怒りがこみ上げてきました＝前足で人に向かってパンチをします

第3段階

もう、本当に怒ってしまいました！＝口をあけて頭突きをします

第4段階

怒り爆発！キレました〜＝かみつきます

清潔な環境が健康の秘訣

こまめなケージ掃除で清潔な環境を

うさぎを健康で長生きさせるためには、うさぎが生活している環境を整えることが大切です。

病気に感染したりしないように、1日の大半を過ごすケージはこまめに掃除をし、いつも清潔にしておきましょう。

とくにトイレと食器は、毎日掃除をしておきたいもの。トイレが汚れているとニオイがします。食器が汚れていると細菌が繁殖し、不衛生です。

毎日の掃除はうさぎが外で遊んでいる時間にする習慣をつけておくとよいでしょう。

＊掃除のポイント＊

トイレ

汚れたトイレの砂やペットシーツを新しいものと交換し、トイレにこびりついた汚れがあれば水洗いします。したばかりのオシッコはほとんどニオイがありません。しかし、こびりついたままにしておくとトイレにしみついて悪臭を放ちます。毎日手入れをしておけば、ニオイに悩まされることはありません。

食器と給水ボトル

水洗いをします。給水ボトルの水を新しいものと入れ替えます。ケージの床に落ちているフードや野菜の食べ残し、ウンチなども拾っておきましょう。

＊ケージの掃除の仕方＊

週に１度は、ケージ全体の掃除をします。風呂場やベランダなど、水まわりの設備とスペースがあるところでおこないます。

洗剤をつかう場合、掃除用ではなく安全な台所用をつかい、洗剤が残らないようしっかりとすすぎます。スノコはブラシでしっかり洗いましょう。

1 ケージを分解します

ケージは組み立て式なので、細部を掃除するために分解します。ケージを購入したら、使用説明書を保管しておきましょう。

2 ヘラで汚れを落とします

床や金網にはりついた汚れは、ヘラをつかって落とします。ヘラで汚れをそぎとるようにします。

3 ブラシ、雑巾《ぞうきん》で汚れを落とします

台所用洗剤を薄めてブラシにかけ、こすります。または洗剤をしみこませた雑巾で汚れをふきとります。

4 洗い流します

シャワーヘッドやホースを利用して、強い水流で洗い流します。乾いたタオルで水気をふきとっておきます。

5 日光で乾かします

消毒にもなるので、天気のよい日に日光で乾かすのが理想的です。

四季の飼育のポイント

うさぎは温度変化や湿気が苦手

うさぎの体調は季節によって微妙に変わります。それぞれの季節にあったケアをしましょう。うさぎにとって快適な温度は18～23℃で、湿度は40～60％。これ以外でも適応はしますが、急激な温度変化や高い湿気はうさぎの体調をくずしがち。快適な環境がうさぎの健康を守ります。

春 spring

抜け毛の季節。ブラッシングをかかさないで

暖かくなってうさぎの動きも活発になってきます。しかし、寒暖の差が激しい日も多いので、朝晩の冷えこみには注意。寒い日には暖房を。

被毛の生え替わる季節です。毛を飲みこんで毛球症（P.120参照）にならたりしないように、毎日ブラッシングして抜け毛を取り除きます。

夏 summer

高温多湿。熱射病に注意して

乾燥したヨーロッパが原産のうさぎは、湿気が苦手です。湿度が高いと皮膚のトラブルなどをおこしやすくなるので、エアコンや除湿器でカラッとした環境をつくりましょう。湿気同様、暑さも苦手です。28℃以上になったら危険。熱射病（P.154参照）の心配もあるので、ケージは直射日光が当たらない風通しのよい場所に置き、エアコンで室温を下げます。

留守番をさせるときにも、風通しの確保など、部屋を涼しく保つ工夫は忘れずに。エアコンを使うときは、冷たい風が直接当たらないよう配慮します。

夏場は雑菌が繁殖しやすい季節です。食べ物や水はこまめに取り替え、いつも新鮮なものを。

秋

autumn

食欲の季節。食べ過ぎに気をつけて

涼しくなってうさぎの元気も戻ってきます。冬に備えて栄養を蓄える季節でもあるので、食餌はいつもより少し多めに与えます。ただ、食べ過ぎには注意を。肥満は病気をひきおこします。

晩秋は寒暖の差が激しいので、ケージに毛布をかけたりして保温を。夏毛から冬毛に生え替わる換毛期《かんもうき》です。長毛だけでなく短毛のうさぎも毎日ブラッシングを。

冬

winter

寒さが厳しい季節。防寒対策を万全に

寒さ対策をとりましょう。飼い主が寝るときに室内の暖房を切ると、室温が急激に下がってうさぎの体調はくずれやすくなります。

ケージにペットヒーターや湯たんぽを入れる、ケージの上から毛布をかけるなどの防寒対策を。

rabbit column

屋外で暮らすうさぎのケア

夏は、飼育小屋を日陰や木陰に移動させます。また風通しのよい場所を選び、湿気や熱がこもらない工夫を。よしずを立てかけるのもよいでしょう。

冬は日当たりのよい場所に移動させます。風が入らないよう覆いをし、夜は毛布をかけるなど防寒対策をおこないます。

うさぎの一生

誕生

おかあさんうさぎのもとで過ごします。母乳を飲んで育ちます。

離乳期

3〜6週間

3週間で離《り》乳《にゅう》をはじめ、6週間で乳離れします。

成長期

〜1歳

5〜8か月でおとなの体になります。性的成熟は3、4か月から。

年代に応じたケアを

快適な環境と適切な食餌を与えていれば、うさぎは10歳まで生きるといわれています。

最近では、フードも年代ごとに考えられていますし、動物病院のケアも充実してきています。5歳のうさぎを「長生き」と驚く時代は終わりました。

これからは、年代に応じたケアが必要です。

赤ちゃんうさぎのころ、成長期のころ、老年期のころ、どの年代も同じケアではいけません。それぞれの年代に応じたケアを考えましょう。

年代に応じて、食餌、環境、運動にわたるきめこまかなケアをすることが、うさぎを健康に長生きさせるのです。

rabbit column

うさぎの寿命は何歳？

5歳を過ぎても、元気なうさぎは多いものです。快適な環境で過ごせば、10歳まで生きることもあります。なかには13～15歳になるうさぎもいます。うさぎは生後8か月にはおとなの体になり、性的にも成熟します。人間でいうと20歳ぐらいです。うさぎの10歳で、だいたい人間の60歳くらいでしょうか。

若年期

1～4歳

いちばん充実した時期です。体力もあるので、運動をたっぷりさせましょう。でも、いたずらも活発になるので、注意を。

中年期

4～7歳

体の衰えから病気にかかりやすくなります。病気にならないよう予防につとめましょう。

老年期

7歳～

体力が落ちてきます。のんびり過ごさせましょう。ストレスがたまらないよう心のケアを。

●年代別うさぎのケア●

成長期（生後1年まで）のケア

どんどん成長していきます

ネザーランドドワーフ

フードの量に気をつけて

成長期といっても、6か月を過ぎるころには、ラビットフードの量を減らします。減らさないと肥満になってしまいます。急に減らさないように、1週間ほどかけて、徐々に量を減らしていきます。

うさぎは暑さ寒さが苦手

うさぎは暑いのも寒いのも苦手。とくに急激な温度の変化には弱いものです。部屋の温度を常に一定に保ちましょう。

飼い主が出かけるからといって冷暖房を切ると、室温は急激に変化します。うさぎの体力が消耗するので、温度は一定に。

食餌

おとなの2倍のカロリーが必要

うさぎは生後3週間で離乳《りにゅう》をはじめ、6週間で完全に乳離れをします。離乳期には、やわらかめの干し草と、小さく砕いたラビットフードを与えます。

個体差はありますが生後3～4か月で性的に成熟し、5～8か月で、ほぼおとなのサイズになります。成長の著しい4か月くらいまではおとなにくらべて体重1kgあたりで2倍近いカロリーが必要です。体重の2.5%量のラビットフード、アルファルファ、チモシーをミックスした干し草は、いつでも食べられる状態にして好きなだけ食べさせます。

カロリーが高いアルファルファは、子うさぎに適した干し草です。チモシーはかたい1番刈りを与えましょう。しっかり繊維《せんい》をかみ切ってすりつぶすことで、歯の伸び過ぎを防ぎます。胃腸がまだ発達段階なので、一度にたくさん食べ過ぎないように、ラビットフードは1日分を3～4回に分けて与えます。

ラビットフードは生後6か月を過ぎたら量を体重の1.5%に落とします。

初めて子うさぎを家に連れ帰ってきたときには、ペットショップやブリーダーがそれまで食べさせていたものと同じ食餌を食べさせ、環境に慣れたら、新しいフードを試しましょう。野菜や果物などのおやつも子うさぎの間に味を教えておきます。

環境

エアコンやヒーターで温度調節を

子うさぎは体力がなく、気温の変化が激しいと下痢をしたり体調をくずします。春先、晩秋、冬は、エアコンやヒーターで保温をしましょう。

しつけ

トイレのしつけをはじめます

しつけは、子うさぎのときからはじめます。うさぎが家にきたら、まずは名前をつけてトイレのしつけからはじめましょう。マスターしたら、ほかのしつけへと進みます。

rabbit column

交配に注意！

うさぎは成熟の早いもので、なんと生後3か月くらいから交配、出産が可能です。

兄弟や親子でもオスとメスは接触させないように気をつけて。

●年代別うさぎのケア●

若年期（1歳〜4歳まで）のケア

充実期を迎えます

ヒマラヤン

干し草は栄養価の低いものに

成長期のあとは、干し草を栄養価の低いものに切り替えます。たんぱく質を多くふくんでいる豆科のアルファルファより、イネ科のチモシーが最適です。十分に乾燥し、香りのするものを選びます。

食餌 干し草とフードの切り替えを

うさぎがいちばん元気なときです。1歳で体はもうすっかりおとなになっているので、干し草をチモシーだけに切り替えます。ラビットフードの量は引き続き体重の1.5％をキープ。フードを2.5％から減らす際には、1度に減らすと食べ足りずにおねだりするので、少しずつ減らすのがポイントです。

干し草を食べないからといってラビットフードの量を増やすと、よけいに干し草を食べなくなります。ラビットフードは2回に分けて朝夕だけに与え、その他の時間は干し草だけを出しておくようにすると、おなかが空いたうさぎは干し草を食べるようになります。

「好きなものが食べられずにかわいそう」とは思わないで。干し草は、繊維質《せんいしつ》が多く低カロリーで、歯の伸び過ぎや、尿石症《にょうせきしょう》（P.127参照）の予防にもなる健康食です。

rabbit column 避妊《ひにん》手術は早い時期に

うさぎを繁殖目的以外で多頭飼いする場合や、オスがオシッコをかけてまわるスプレー行動をやめさせたい場合などで、去《きょ》勢《せい》・避妊を考えるなら、オス、メスともに体力が充実している3歳くらいまでに手術をすませましょう。

とくに避妊手術は体に脂肪がつきはじめる前、生後5か月から1歳半ぐらいまでがベストです。

環境 ケガに気をつけて

まだまだ好奇心旺盛で、遊びが大好きです。若いうちは高いところから跳び下りて骨を折ったり、ものをかじって飲みこんでしまったりして、動物病院で受診するうさぎがたくさんいます。1歳過ぎまでは室内での行動にとくに気をつけて。

運動 おだやかな気候のときに出かけよう

外へ散歩に行くときは、夏の日中の外出は控えます。熱射病で死んでしまうことがあります。とくに車のなかに置きざりにして、死亡する事故が多くあります。

●年代別うさぎのケア●

中年期（4歳～7歳まで）のケア

気力十分。でも、体力の衰えに注意を

チンチラ

カルシウムの少ないフードを選ぶ

カルシウムの含有率は、フードのパッケージに表示されています。尿石症やそのおそれがある場合は、含有率を確認してから、カルシウムの少ないフードを選ぶようにしましょう。

食餌 肥満に気をつけます

中年期になるとだんだんと太りやすくなります。体をさわって確認します。肋骨がわからないようだと太り過ぎです。子うさぎのころから体重をはかり、体重を記録しておくのがベター。

太ってきたなと思ったら、ラビットフードを少なめにして干し草を増やします。

うさぎは食べ物に対して頑固で、新しい食べ物をなかなか食べません。ラビットフードを替えて食べないときは、今まで食べていたフードに、新しいフードを少し加えて、その分、今までのフードを減らして与えます。新しいフードの割合をだんだんと増やし、1週間くらいかけて気長に切り替えましょう。

病気 カルシウムのとり過ぎに注意

うさぎに多い尿石症の持病も、よく見られるようになります。尿石症のうさぎにはカルシウムの少ないフードを。一般的なフードはカルシウムが1.5%のものが多いようですが、うさぎの健康のためには0.4%で十分。カルシウムの分量が明記されているフードを選びましょう。

運動 無理な運動はさせない

活発に遊ぶうさぎもいますが、やはりだんだんと運動量は減ります。あまり動きたがらないようなら、ケージから出して無理に遊ばせなくてもかまいません。

サークルのなかで自由にさせ、好きなように運動させましょう。危険なものは部屋に置かないように。

フードのカルシウム量に注意

rabbit column

体重をはかりましょう

うさぎの体重は、平均して2～3kg。

動かないよう箱かカゴに入れてはかります。箱、カゴの重さは差し引いておきます。

●年代別うさぎのケア●

老年期（7歳以降）のケア

寿命が延び、長生きのうさぎが増えています

ヒマラヤン

食餌

フード量の調整を

中年期と同じように、加齢によって新陳代謝《しんちんたいしゃ》が悪くなり太りやすくなります。

体つきや体重から判断して、太り過ぎであればラビットフードを減らしましょう。

環境

気温の変化に注意を

体力も落ちてきているので、季節の変わり目の急な温度変化や、夏の暑さ、冬の寒さに気をつけましょう。

夏場は室温を28℃以下に保ち、冬はペットヒーター、タオルにくるん

＊うさぎの老化のサイン＊

動きがにぶくなる

敏《びん》捷《しょう》性《せい》や瞬《しゅん》発《ぱつ》力《りょく》がなくなります。きびきびした動きが見られなくなります。

被毛にツヤがない

新陳代謝が悪く、被毛がぱさぱさになり、光沢がなくなります。

いたわりの環境づくり

冬はペットヒーター、夏はエアコンで快適な環境を

だ湯たんぽなどで保温を。冬は10℃以下になると体調をくずすことが多いようです。

運動

マッサージで血行をよくする

若いころには盛んにしていた毛づくろいを、あまりしなくなります。運動もなかなか思うようにできません。血行も滞りがちなので、血行をよくするために全身をマッサージするようにさわってやりましょう。全身マッサージはボディーチェックにもなり、皮膚病（P.112参照）などのトラブルを早期に発見できます。

だんだんと、動きたがらない日が多くなりますが、いつまでも若々しくいさせるには気分転換をはかり、ストレスをためないようにします。

うさぎと出かけよう

**うさぎはなわばりから離れるのをいやがる動物ですが、小さいときから
ドライブをするなどして慣らしておくと、外出の
ストレスにもたえられるようになります。**

キャリーケースで移動を

外出には、うさぎを移動用のキャリーケースに入れて車にのせ、停車したときに食餌や水をやります。移動中はこぼれるといけないので、食餌や水はケースには入れません。移動時間が長くなるときは、ケースのなかに水分の多い野菜を入れてもよいですが、湿度の上昇に注意。

ケースのなかにはオシッコをしても大丈夫なように、ペットシーツを敷いておきます。シーツをかじるようなら、シーツの上にスノコをセットします。

タイムリミットは8時間

移動中はなるべく休憩を多くとるようにしますが、うさぎの絶食のタイムリミットは8時間なので、途中で食餌や水をとりたがらないようなら、8時間以内に目的地に到着しましょう。ケージを持参すればリラックスさせてやることができます。

電車では手荷物、飛行機は貨物扱い

電車や飛行機での移動もキャリーケースをつかいます。電車は手荷物運賃がかかることもあります。飛行機は別料金を払って貨物として預けます。

第3章 うさぎに教える簡単しつけ術

イングリッシュアンゴラ

うさぎを上手にしつけるには

しつけは子うさぎのときからはじめます

rabbit column

しつけの限界を知っておく

　なんでもしつけることができる、と思うのは間違いです。犬のように「スワレ」「フセ」「マテ」をするのは、むずかしいでしょう。

　うさぎにできることと、できないことがあることを理解しておきましょう。

共同生活を送るために必要なしつけ

「うさぎにしつけを?」と驚く人もいるでしょうが、うさぎはかしこい動物です。上手に教えれば、やってもよいこと、やってはいけないことを理解するようになります。

　お互いにストレスをもたずにいっしょに生活するためには、しつけが必要です。しつけをしておけば、むやみにうさぎを叱《しか》ることもなくなります。

　しつけをすることで、コミュニケーションも深まり、よりうさぎのことを理解できるようになります。

　うさぎが快適な生活を送るために、しつけをおこなうことは、飼い主の責任でもあります。

しつけのポイント

1 ほめて教える
2 おやつは与え過ぎない
3 叱るときは、いけないことをしている最中に
4 体罰は厳禁

ほめて教えるのが、しつけの基本

かしこいうさぎはほめて育てます

うさぎは性格がお調子者なので、ほめると調子にのってよくしつけを覚えます。教えたとき上手にできたら「よくできたね」と体をなでて、おやつをひと口だけやりましょう。

悪いことをしたときには、している最中に叱ります。しばらくしてから叱っても、うさぎにはなぜ叱られるのかが理解できません。叱るときには、手をたたく、スリッパや雑誌、丸めた新聞紙などで床をたたき、大きな音をたてると、うさぎは驚いて静かになります。霧吹きに水を入れて、軽く鼻先に吹きかけるのも効果的です。

体罰は厳禁。うさぎをおびえさせるだけでなく、ケガをさせるおそれがあります。

最初はトイレのしつけから

＊トイレの場所を考える＊

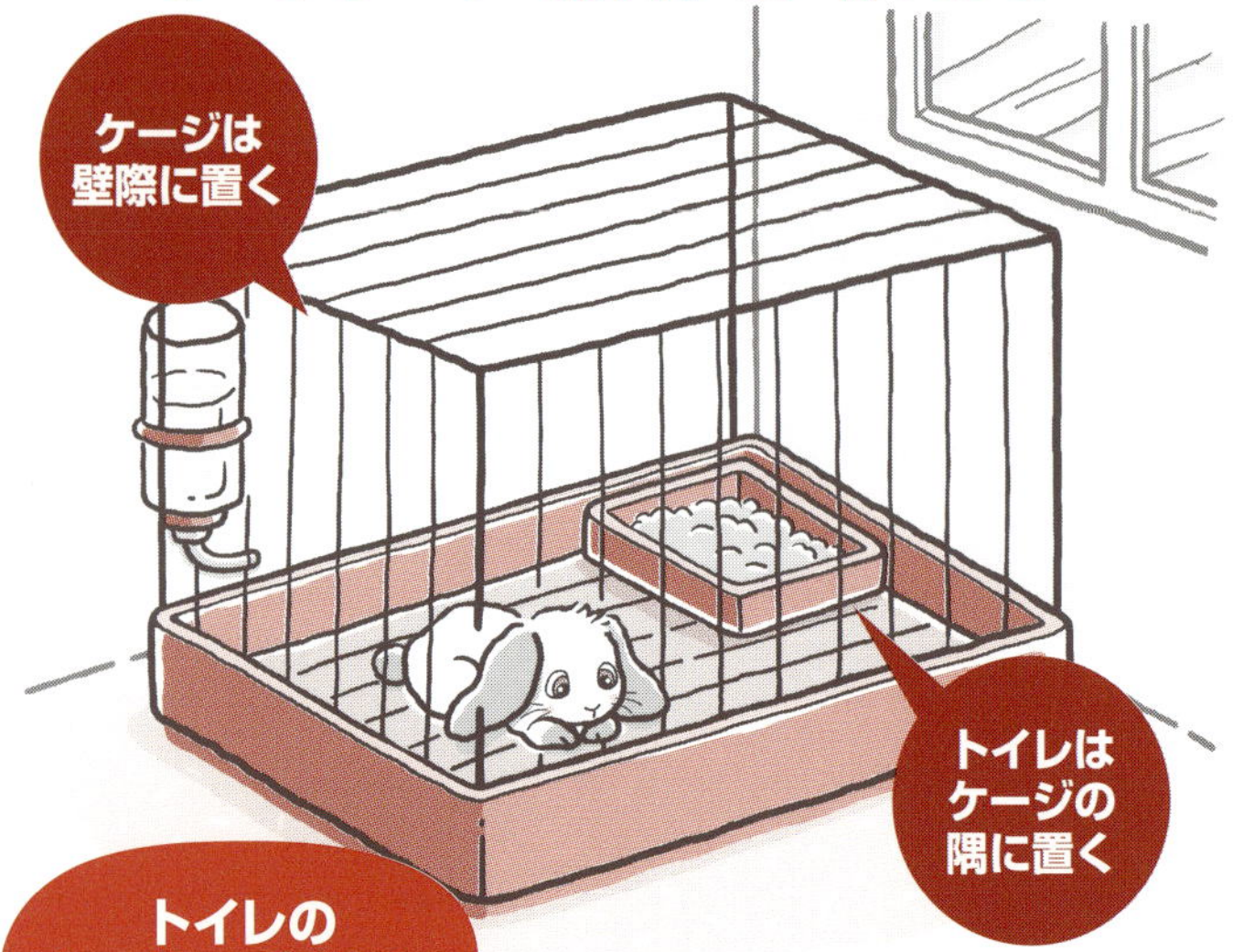
ケージは壁際に置く
トイレはケージの隅に置く

トイレのしつけのポイント

うさぎの習性を利用する

↓

うさぎは排泄を決まった場所でする

ポイントはトイレの置き場所

うさぎは排泄《はいせつ》を決まった場所でする習性があるので、ほとんどのうさぎはトイレを置いただけで、そこでするようになります。

ポイントはトイレの置き場所と形です。排泄をするときには無防備な状態になるため、背後や横から天敵《てんてき》が襲ってこない安全な場所をトイレに選びます。ケージを壁際に置いてトイレはその隅に置きましょう。

うさぎを家のケージに入れたとき、最初に排泄した場所にトイレを置きます。

そこでしないようならトイレを別の形のものに替えます。使っている

＊トイレの種類＊

四角形のトイレ

三方に壁がついているトイレ。どこにでも置ける。大型のうさぎには大きなトイレを選ぶ。

三角形のトイレ

ケージの隅にぴったり入るように、三角形の形をしている。

ケージを工夫して、清潔に保つ

トイレでせずに、ケージのなかで排泄するときは、高さのあるスノコを敷いたりして、下に排泄物が落ちるようにします。

そうすれば、うさぎの体が汚れません。

代用品トイレ

てんぷらバットを利用

台所用品のてんぷらバットをトイレに代用したもの。台所用の水切りカゴも使える。

rabbit column

高さのあるトイレは嫌い

壁が高いトイレは、あまり好みません。うさぎが簡単に入れる高さのものを選びましょう。好きではないトイレでは、用をたさないこともあります。

トイレ選びはしつけの第1歩です。

トイレの大きさや形があわないと、トイレで排泄をしません。うさぎにあうトイレを見つけるために、いろいろなタイプのトイレを試してみましょう。

何度も失敗するようでも、「ケージのなかですればよい」と、おおらかな気持ちで接してください。

ケージの外にトイレを置く

トイレは、上達度に応じて置く場所を考える

外で遊ばせるときのトイレ

うさぎがケージの外に出ているときでも、トイレはケージに戻ってするように習慣づけておきましょう。ケージの扉はあけておきます。

うさぎが自分でケージに戻って排泄するには、ケージが自分にとって安全で楽しい場所だと思わせなくてはいけません。遊びが終わってケージに戻るときには、おやつや食餌《しょくじ》を用意して、自分から入りたがるようにしむけます。

また、長い時間ケージの外で遊ぶ場合や、ケージのトイレで失敗する場合は、ケージの外に外用トイレを置いておきます。

抱くことは、大切なしつけです

安全と健康を守るために必要なしつけ

母親に抱かれて育つ人間やサルと違って、うさぎの行動には抱っこというパターンがありません。そのため抱こうとするといやがります。

しかし、高いところに登ってしまったうさぎを抱え下ろすとき、ケージに戻すとき、獣医師の診察を受けるとき、健康チェックをするとき、ブラッシングなどの手入れのときなど、うさぎの安全と健康を守るためには抱っこはかかせません。いやがって暴れるようだと、さらに危ない事態を招いてしまいます。

小さなときから抱っこに慣らしておきましょう。

おやつを使った

抱っこのしつけ

抱っこの練習は、うさぎが万一落ちても平気なように床や畳に正座しておこないます。抱っこのしつけは、子うさぎが家にきて、環境に慣れたらすぐにはじめましょう。神経質でなかなか慣れないうさぎもいますが、気長に慣らしてください。

1 ひざにうさぎをのせて、おやつをひと口与えます。

2 食べ終わったうさぎがひざから下りたら、持ち上げてひざに戻します。

3 また、ひと口おやつを与えてから、床に下ろします。ひざから下ろすときは必ず飼い主が下ろします。うさぎが自分から下りるのを放っておいてはいけません。

好き嫌いをなくすしつけ

好き嫌いをなくして、ヘルシーな食生活

うさぎの1日の食餌《しょくじ》量は、ラビットフードが生後5～6か月までは体重の2.5％、その後は体重の1.5％。それに干し草を食べ放題で与えるのが理想です。とくに繊維質《せんいしつ》たっぷりな干し草はうさぎにとって臼歯《きゅうし》の異常や、肥満を防ぐ健康食です。

ラビットフードやおやつの食べ過ぎは、病気や肥満の原因になってしまいます。

食べるからといっておやつやラビットフードばかり与えていると干し草を食べなくなってしまいます。干し草を食べるしつけをします。

好きな食べ物の順位

1 おやつ(野菜も)
2 ラビットフード
3 干し草

ネザーランドドワーフ

正しい食餌がうさぎの健康を守る

おかわりのさいそくは、無視します

1 ラビットフードは決まった量だけ

うさぎは与えた食餌を１度に全部食べてしまわず、何度にも分けて食べます。ラビットフードは１日に２回、決まった量だけ与えます。

2 干し草をいっぱいにしておきます

ラビットフードを食べ終えた後は干し草を食べます。

3 無視します

ラビットフードのおかわりをねだってうさぎが騒いでも、無視してその場を離れましょう。

rabbit column

うさぎは食べ物に慎重

おやつをたくさん与えると干し草やフードを食べなくなるだけでなく、おねだりのくせがつきます。病気や食欲のないとき以外は、しつけのときのごほうびとしてほんの少量だけ野菜を与えます。おやつといっても、甘いお菓子や人間の食べ物はいけません。

うさぎは食べ物に慎重で、食べ慣れないものはすすんで食べないという習性をもっています。その習性を利用して、うさぎの体によくない食品の味は覚えさせないようにします。反対に食べさせたいものは、子うさぎのときから食べさせて慣らします。

呼べばくるようにしつけます

しつけのポイント

1 名前を教える

2 叱るときは名前を呼ばない

名前を教えましょう

うさぎは頭がよく、自分の名前を覚えます。名前を覚えたら、呼ぶと飼い主のところへやってくるようになります。

うさぎとの暮らしをより楽しいものにするため、名前を教えます。

うさぎの好きな食べ物と、名前の音を関連づけると早く覚えます。

叱《しか》るときに「○○ちゃん、ダメ」と名前を言ってはいけません。名前で叱ると、うさぎは自分の名前が「ダメ、叱られている」の意味だと勘違いしてしまい、せっかく覚えた名前をいやがるようになるので、注意しましょう。

やってみましょう「呼び」のしつけ

START!

1 最初にラビットフードを10粒ほど入れたフタのできる缶を用意し、うさぎの前で缶をふって音をさせます。

2 缶からフードを出してうさぎに少し与えます。

3 缶をふりながら「○○ちゃん」と名前を呼びます。

4 こちらを向いたら、フードを与えます。缶をふった後で名前を呼んでフードを与えてもかまいません。

5 数日繰り返したら、今度はうさぎから離れた場所で、缶をふりながら名前を呼びます。

6 うさぎがフード目当てに跳んでくるようになったら、今度は缶をふらずに名前だけを呼び、来たら必ずフードを与えます。何度も繰り返していると、フードのごほうびなしでも、名前を呼んだらくるようになります。

困った行動を直しましょう

問題行動を直すポイント

1 原因をつきとめる
2 原因となったことをとりのぞく
3 むやみに叱らない
4 根気よくしつけを続ける

レッキス

困った行動には必ず原因があります

しつけができていないと、うさぎはいたずらっ子の本領を発揮します。ケージをかじる、トイレ以外の場所にオシッコをかける、飼い主や来客の足にマウンティング（P.88参照）をする……。

しかし、こういったうさぎの行動には理由があるので、原因を理解して対処すれば、直すことができます。

やったことに対して叱《しか》っているだけでは、うさぎはますます頑固になり、飼い主も叱ることに疲れてしまいます。やられて困ることはやらせないようにする、それがトラブル解決の秘訣《ひけつ》です。

困った行動1

ものをかじる

原因

「本能」

●かじられない工夫を

ものをかじるのはうさぎの本能です。部屋のなかにある家具や、本、カーテン、洋服、ボタン、興味のおもむくままにかじります。

危険な電気コードはカバーで覆っておく、洋服や本などはうさぎを部屋に放す前に片づける、カーテンは短くくくり上げる、家具は段ボールなどでガードするなどの工夫をして、かじられないようにします。

かわりにかじり木などのおもちゃを与えます。香水やメンソール、猫用忌避剤《きひざい》などをかけておくと、いやがってかじらなくなるうさぎもいます。

ガジガジ
対策
忌避剤をかける
しゅ〜っ
対策
かじり木を与える

かじるもの6

1	家具
2	本
3	カーテン
4	洋服
5	ボタン
6	コード

rabbit column

うさぎの歯は凶器？

切歯《せっし》6本、前臼歯《ぜんきゅうし》10本、後臼歯12本の計28本の歯を持っています。

うさぎの歯は伸び続け、とくに切歯は1年で10〜12㎝も伸びます。

また、上顎《うわあご》の切歯の内側にくさび状門歯《もんし》と呼ばれる2本の小さな歯が隠れています。

ケージをかじる

原因

「たいくつしのぎ」

●外に出さず、無視します

ケージをかじるのは、単なるたいくつしのぎです。

かじるからといってケージから外に出すと、うさぎはそれを覚えて出たくなると必ずケージをかじるようになります。

外に出さずに無視すればあきらめます。しかし、1度ケージをかじることが習慣づいてしまうと、ケージをかじることで歯を傷めてしまいます。前歯の不《ふ》正《せい》咬《こう》合《ごう》をおこしてしまう原因にもなります。

心配ならケージの内側にベニヤ板などを張ってガードをします。

出して
もらいたいため、
かじります

対策

ケージをガード
するものを張る

困った行動 3

食器をひっくり返す

原因

「もっとちょうだい」

●人間の気をひく行動

ラビットフードのおかわりをねだるときに、うさぎはよく食器をくわえてひっくり返したり、放り投げたりします。

ほかにも、ギーといった声をあげる、暴れるなど、いろいろな手段でねだりますが、どれも人間の注意をひくための行動です。

おねだりに応《こた》えておかわりを与えると、また、おねだりを繰り返すようになります。うさぎが派手な行動をしても、ちゃんと食餌を与えているならば反応しないこと。無視がいちばんの解決策です。

「見て、見て」と気をひいている

対策

とことん無視する

人をかむ

原因

「いたずらをしたい」

●飼い主が上位に立ちます

　うさぎはもともとは人をかみませんが、たまにかみつくうさぎもいます。いたずらでかんでみて飼い主が反応すると、うさぎは面白がってまた同じことをしてしまいます。

　なわばり意識が関係していることもあります。飼い主を自分よりも下と思っているうさぎは、飼い主がケージに手を入れると自分のなわばりを下位の者に侵されたと怒って攻撃に出るのです。

　また、抱っこしているときにかまれてうさぎを放したりすると、抱っこから逃げるためなど、自分の要求を通したいときにかむようになってしまいます。

　攻撃行動をやめさせるには、飼い主が優位に立つこと。食べ物をねだっても与えない。グルーミングを要求されてもなでない。うさぎが足をふみならして怒ったら、スリッパなどで床をたたいて、より大きな音で飼い主が怒っていることを示す。抱いているときにかまれてもあわてて手を離さない。常に飼い主が上位であることを示します。

　何事も飼い主が主導権を握ることが、しつけには大切です。

上位に立つポイント

1 ねだられても食べ物を与えない
2 グルーミングをさいそくされてもやらない
3 怒っていることをわからせる
4 かまれてもあわてない

対策

スリッパで音をたてて怒る

困った行動 5

オシッコをかける

原因

「なわばり意識」

●去勢を考えます

去勢《きょせい》をしていないオスのうさぎは、室内の壁、家具、飼い主にまでオシッコをかけるスプレー行動をします。

これはオシッコをかけることで自分のなわばりを誇示しようというオスとしての本能です。スプレー行動をやめさせるには去勢をするしかありません。

去勢をすると9割以上のうさぎがスプレー行動をやめますが、まれにいたずらとして面白がってしているうさぎもいます。その場合は、完全に直すのはむずかしいでしょう。

スプレー行動はなわばり意識のあらわれ

対策

去勢をする

rabbit column

去勢ってどうするの？

オスのうさぎの睾丸《こうがん》をとりのぞきます。すると男性ホルモンが分泌《ぶんぴつ》されなくなるので、オスの特性である行動がゆるやかになります。

もちろん、生殖もできませんので、獣医師とよく相談しておこないましょう。

困った行動 6

人間にマウンティングをする

原因

「遊び」

●楽しい遊びのつもりです

うさぎのマウンティング（交尾の姿勢をとる行動）はほとんどの場合が、性行動や上下関係の確認ではなく遊びです。

人間へのマウンティングは、不安やたいくつのあらわれで、反応すると面白がってエスカレートします。止めさせるためには無視するのがいちばん。無視されるとつまらないので、ほかの遊びを探します。

去勢・避妊《ひにん》をするとマウンティングがおさまることもあるので、ひんぱんにおこなう場合は、手術を考えてみましょう。

マウンティングは遊びのひとつ

対策

無視する

マウンティングをやめさせるポイント

1 ほかの遊びをさせる
2 ストレスがたまらないよう、時間をかけて遊ぶ
3 むやみに叱らない

第4章

家庭でできる お手入れ

ロップイヤー

ブラッシングは健康を守ります

＊ブラッシングの効果＊

健康を守る
スキンシップがとれる
毛が生え替わるときは念入りに

ネザーランドドワーフ

換毛期は基本的には春と秋の年２回ですが、室内で飼っていると温度や日照時間が自然ではないために不規則になり、年に３～４回生え替わるうさぎもいます。徐々に生え替わり、まだら模様になってしまうこともあります。この時期にブラッシングをして、抜け毛をとりのぞきます。

美と健康のためかかせないお手入れ

お手入れの基本はブラッシング（グルーミング）。被毛を整えるだけのように思われがちなブラッシングですが、実はさまざまな効果があります。ひとつは健康を守ることです。被毛と皮膚を清潔にしてうさぎと飼い主の病気を予防し、ブラッシングによるマッサージ効果で血行をうながし皮膚を丈夫にします。

そして、抜け毛をとりさることで、うさぎに多い毛球症《もうきゅうしょう》（P.120参照）を防ぎます。ブラッシングのときに全身をさわっていれば、皮膚の異常（P.112参照）も早めに見つけることができます。

＊ブラッシングに必要な道具＊

獣毛ブラシ
獣の毛でできたブラシ。被毛を傷めない。

ラバーブラシ
ラバー製のブラシ。マッサージ効果がある。

ミトン型ブラシ
手でなでるようにブラッシングできる。

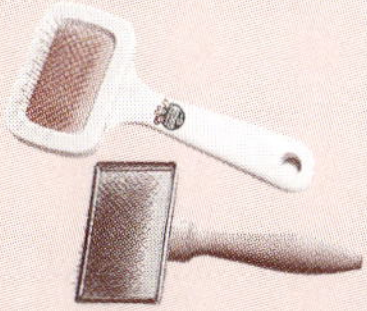

スリッカーブラシ
抜け毛をとるブラシ。

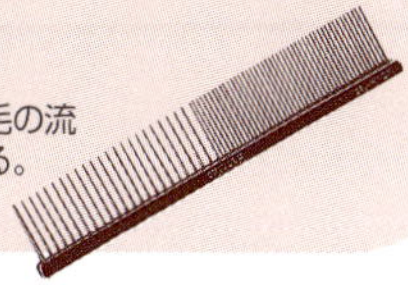

コーム
仕上げに毛の流れを整える。

＊うさぎの換毛期＊

春 ＞＞＞

夏に向け、冬毛が抜け夏毛に替わります。

夏 ＞＞＞

暑い時期をのりきるため、薄い毛になります。

秋 ＞＞＞

寒い冬に向け、あたたかい冬毛に生え替わります。

冬 ＞＞＞

寒い時期をのりきるため、毛が密に生えそろいます。

　また、ブラッシングはうさぎと飼い主の絆《きずな》を深めるスキンシップにもなります。うさぎは自分でもひんぱんに毛づくろいをしますが、飼い主に毛の手入れをしてもらうのが大好きです。

　長毛種は毛玉ができやすく、皮膚がむれてトラブルをおこしやすいので、毎日ブラッシングを。短毛種は換毛期《かんもうき》には毎日、それ以外は週に1度のブラッシングで十分です。

rabbit column

毛球症って何？

　うさぎが自分で毛づくろいをして大量の毛を飲みこむと、被毛が胃のなかで固まり排泄《はいせつ》できなくなる病気です。うさぎは犬や猫と違って吐くことができないため、重症の場合は手術が必要になったり死亡したりすることもあります。

毛質別のブラッシング

短毛種のブラッシング

マッサージをするように
手をつかってブラッシング
するのがコツ

1

顔以外、体全体に水スプレーを吹きかける。

2

水を被毛になじませるような感じで、手で全身をマッサージする。おなか部分はうさぎの脇の下に手を入れて立たせておこなう。ひざの上でブラッシングをする場合は仰《あお》向《む》けにする。

3

浮いてきた抜け毛をブラシや目の細かいコームでとる。ラバーか獣毛ブラシをつかう。スリッカーブラシをつかうときには、皮膚に当てないように注意する。

4

コームで毛並みを整えてできあがり。

ブラッシングするときの注意点

家庭でのブラッシングはうさぎを低い台の上か、ひざの上にのせておこないます。いやがるうさぎにはふだん入らない場所（なわばり外）でブラッシングをするほうが、おとなしくなります。

　ひざの上でおこなうときには、突然うさぎが跳び下りてケガをしないように、しっかりとおさえましょう。また、下にクッションを敷くなどの安全対策も忘れずに。

長毛種のブラッシング

1度毛玉ができると
ほぐすのが大変。
毛玉にならないように
毎日ブラッシングを

1 ドライヤーをかけて抜け毛やほこりを飛ばす。

2 すぐにブラシを入れると、被毛がひっぱられて痛がるので、親指と人差し指で被毛の生え際をつまむ。

3 生え際からブラッシングすると被毛が傷むので、つまんだ毛先だけを目の細かいスリッカーブラシでブラッシングする。お尻《しり》やおなかは毛玉ができやすいので念入りに。顔は目や鼻を傷つけないように注意。

4 全身のブラッシングが終わるとふわふわに仕上がる。

rabbit column

毛玉ができてしまったら

毛玉に無理やりブラシを入れないようにし、まずは、手でていねいに毛玉をほぐします。それでもほぐれない部分があれば、毛玉を持ち上げ、縦にハサミを入れます。切った部分を指でほぐしてから、ブラシで整えます。

ハサミをつかう自信がなかったり、うさぎがおとなしくしない場合は、トリミングの専門家にまかせるのが安全です。

伸び過ぎた爪《つめ》は切ります

1〜2か月に1回切ります

野山を駆けまわっていれば自然とすり減る爪も、室内で飼っていると必要以上に伸びてしまいます。伸び過ぎた爪は危険です。じゅうたんやケージに爪がひっかかりパニックをおこし、爪をはがしてしまったり、足を床につけられないので、指が変形してしまうことがあります。

ブラッシングの際に様子を見ながら、1〜2か月に1回、爪を切ります。動物病院でも切ってもらえますが、抱っこのしつけをして子うさぎのときから慣らしておくと、家庭でもできます。最初は1日に1本ずつ切ることからはじめます。

＊こんなときが、あぶない＊

ケージにひっかかった
たすけて〜
飼い主を傷つけた
ガリッッ
ぶー
じゅうたんにひっかかった
とれないよぉ〜

血管を切ってしまったら

誤って血管を切って出血させてしまっても、あわてて大声を出して、うさぎをこわがらせないようにしましょう。落ち着いて、出血部分に指を当て圧迫して止血し、オキシドールなどの消毒液をぬります。うさぎがパニックになって暴れると、出血がひどくなります。暴れたらキャリーケースなどの狭い場所に入れてしばらくの間、おとなしくさせます。

＊爪を切ってみましょう＊

爪切りは人間用ではなく、ギロチン型やハサミ型のペット用爪切りをつかいます。爪のなかには血管が通っているので血管を切らないように注意して切ります。血管が見えない黒い爪の場合は、懐中電灯などの明かりで透かして血管を確認しながら切りましょう。

＊爪切りに必要な道具＊

爪切り
ギロチン型。爪をはさみ、上から刃をおとして切る。

消毒液
血管を切ったときにぬる。

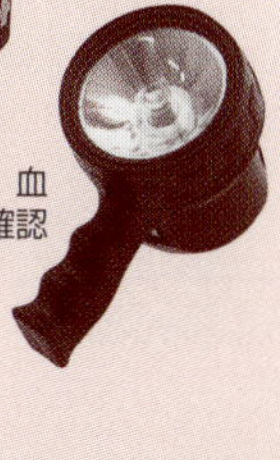

懐中電灯
爪に当てて、血管の位置を確認する。

うさぎの爪は黒？それとも白？

爪の色は被毛の色によって違います。黒、グレーなど濃い色の被毛のうさぎの爪は黒。

茶色や白など薄い色の被毛のうさぎの爪は白になります。

耳掃除で、耳の病気の予防を

＊耳のチェックをこまめに＊

垂れ耳のうさぎは、耳を上にあげてチェックします。耳のなかでニオイがしないか、耳アカがたまっていないかをチェックします。

ホーランドロップ

＊耳掃除に必要な道具＊

綿棒
ソフトタイプのものを。

ベビーオイル
綿棒を湿らせるのにつかう。

汚れていれば耳掃除が必要です

うさぎのシンボルともいえる長い耳は、耳アカがたまりすぎると細菌が繁殖しやすくなります。時々チェックして、汚れていれば掃除をします。垂れ耳のうさぎは耳のなかがむれて湿気がたまり汚れやすいので、ひんぱんにチェックを。

汚れていれば、綿棒でやさしくふきます。うさぎの耳の穴は途中でふたつに分かれていて、片方は行き止まりで、もう一方は奥へと続いています。行き止まりのほうは、奥までふいても大丈夫。もう一方も行き止まり部分と同じくらいの深さまでなら安全です。

＊耳掃除をしよう＊

うさぎは皮膚が弱いので、ゴシゴシこするのは禁物です。アルコール類も苦手なのでイヤーローションなどのアルコール類はつかわずに。

ふつうは何もつけない綿棒で掃除をしますが、それで落ちないほどひどい汚れなら、ベビーオイルを少し綿棒につけてふいてみましょう。

耳の病気のサインを見逃さないで

耳をしきりに動かす

耳に違和感があります。いつまでもやめないようなら耳のチェックを。

耳のなかにかさぶたができる

かさぶたがある場合は、耳ダニかもしれません。動物病院で診察を。

耳のまわりをひんぱんにかく

耳のなかがかゆいのかもしれません。耳のチェックを。

耳からいつもと違ういやなニオイがする

耳のなかが炎症をおこしています。動物病院へ。

シャンプーで体を清潔に保ちます

シャンプーで病気予防を

シャンプーに必要な道具

うさぎ用シャンプー
専用の低刺激のものをつかう。

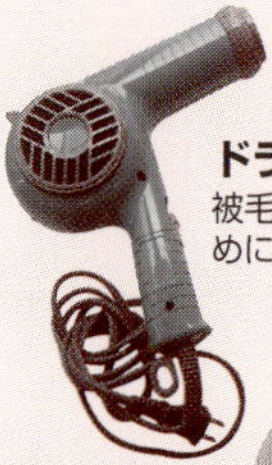

ドライヤー
被毛を乾かすためにつかう。

洗面器
体が入る大きさを選ぶ。

定期的なシャンプーでいつも清潔な体を保ちます

ネザーランドドワーフ

2週間に1回シャンプーを

室内で飼われている犬や猫をシャンプーするのは常識です。うさぎの場合は、まだ一般的ではありませんが、家のなかでいっしょに暮らすからにはしっかりと衛生管理をするのがベスト。

うさぎから人に、人からうさぎにうつる病気の予防のためにも、シャンプーの習慣を。シャンプーをする回数は2週間に1回が理想です。

うさぎは皮膚が弱いので、シャンプー剤はうさぎ用の低刺激のものを選びます。うさぎ用がなければ犬・猫用のマイルドなシャンプー剤でもよいでしょう。

シャンプーをしましょう

1 シャンプーの前には、必ずブラッシングで抜け毛をのぞきます。毛玉ができたままでシャンプーをすると、毛玉の下の皮膚が乾かず皮膚病の原因になるので、毛玉やもつれは処理してから洗います。

2 お風呂場にうさぎを連れていき、ぬるま湯で全身をぬらします。シャワーは音をこわがるのでつかいません。洗面器にぬるま湯を入れて静かにかけてやりましょう。うさぎは基本的にシャンプーは苦手なので、手早くすませることがポイントです。

3 全身をぬらしたら、シャンプー剤を手のひらにのばし、うさぎの体を洗います。汚れやすいおなかやお尻のまわり、足の裏を重点的に洗い、敏感な顔や耳は避けます。

4 洗い終わったらお湯をはった洗面器にうさぎを入れて、完全にシャンプー剤を流しましょう。シャンプー剤が残っていると、皮膚炎を発症することがあります。

顔や耳はタオルで

顔や耳はいやがるので、シャンプーはしません。ぬるま湯にひたしたタオルで、やさしくふきます。とくに目や口、鼻のまわりはていねいに。

ドライヤーで乾かします

仕上げはドライヤーで

うさぎをぬれたままにしておくと、体温が下がって、うさぎの体力が低下し、疲れます。体調がくずれないように、洗い終わったらすぐに乾かすことが大切です。タオルで水分をとったら、ドライヤーで乾かします。

1 洗い終わったら、まずタオルでしっかりと水分をとりましょう。

2 水分がとれたらドライヤーで乾かします。熱風が強く当たるとやけどをするおそれがあるので、遠めからソフトな風を当ててください。被毛と地肌が湿っていると皮膚炎の原因にもなります。片手でドライヤーを持ち、もう一方の手で被毛を分けながら、被毛だけでなく地肌まで完全に乾かすようにします。誰かに手伝ってもらうとスムーズに乾かせます。

ドライヤーの音に慣れさせます

ドライヤーの音にうさぎがおびえると、うまく乾かせません。シャンプーをしないときでも、ドライヤーの音を聞かせ、こわくないことを教えておきます。

皮膚炎に気をつけて

体にシャンプー剤や水分が残っていると細菌が繁殖し、炎症をおこしてしまいます。体を清潔に健康にするためのシャンプーが、病気をひきおこしかねません。

ゆすぎをていねいにおこない、シャンプー剤を残さないようにします。水分はタオルとドライヤーでしっかりとりましょう。

第5章

知っておきたい病気・妊娠・出産の知識

ネザーランドドワーフ

病気のサインをここでキャッチ

耳をかく、ふる
目やに・涙が出る
鼻水・くしゃみ
呼吸があらい
体をさかんになめる
歯ぎしりをする

いつもと違う様子に注意を

うさぎは弱みをあまり見せない動物です。多少体調が悪くてもいつもと同じように元気にふるまいます。つらそうな様子を見せたときには、病状が思った以上に進行していると考えてよいでしょう。

病気の悪化を防ぐには、うさぎが発する不調のサインを見逃さないことが大切です。

ふだんから食餌《しょくじ》量、体重、便の形と大きさなどを観察して、健康時の状態を把握《はあく》しておきましょう。ブラッシングで体にさわる習慣をつけていると、皮膚の健康状態や、内臓の異常もある程度わかります。

不調のサインはこんなところにあらわれます

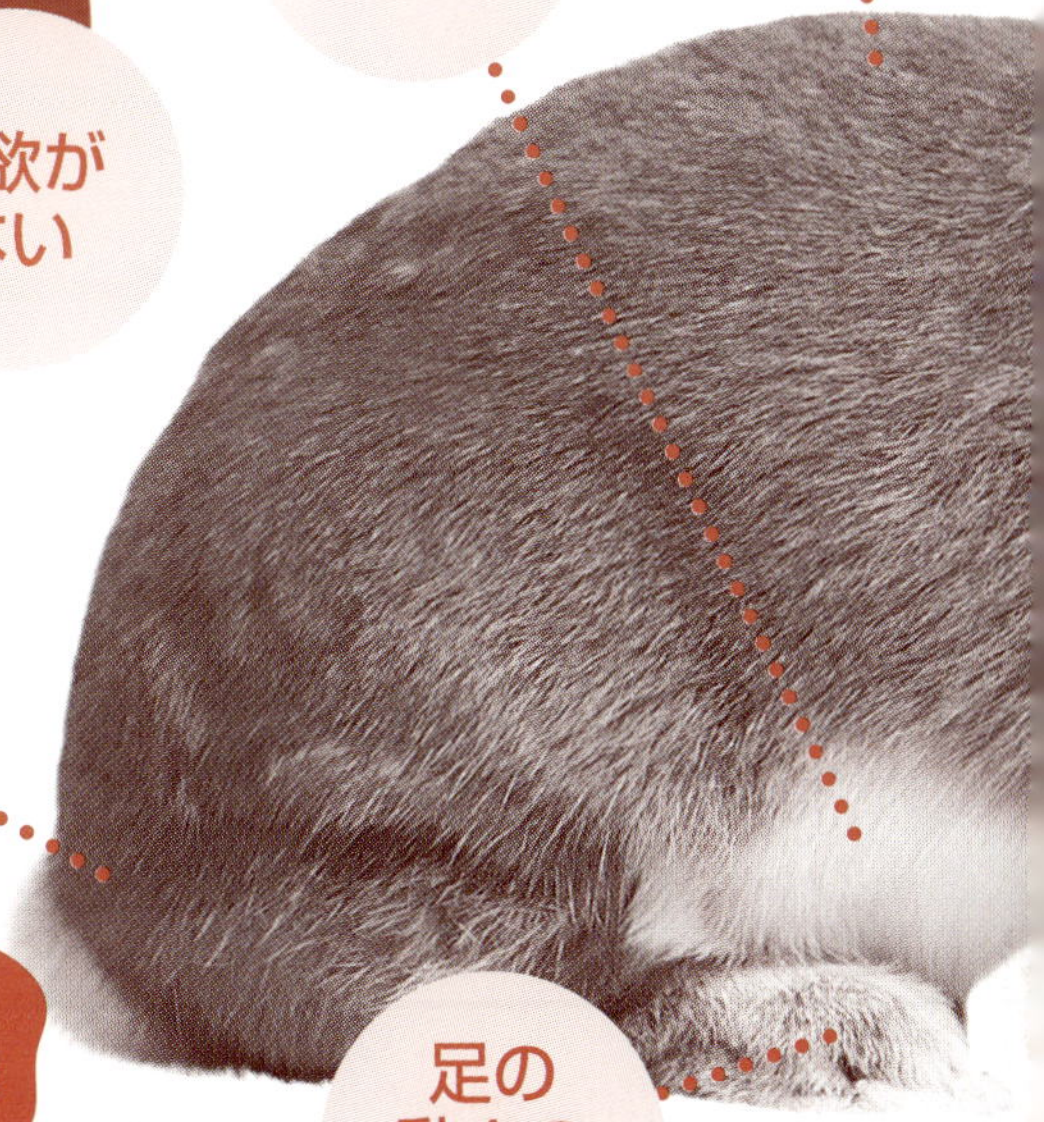
被毛の異常
おなかがはれる
食欲がない
オシッコの異常
ウンチの異常
足の動きの異常

知っておこう 健康なときの状態

食餌量	1日にどのくらいの量を食べるか把握しておきます
体重	1週間に1度、体重をはかっておきます
便の状態	毎日の便の状態を見ておきます
皮膚の状態	ブラッシングのときに、被毛をかきわけ皮膚を観察しておきます

rabbit column

素人判断は禁物

不調のサインや体の異常を見つけても、人間用の薬をぬったり飲ませたりするなど、素人判断で処置をしてはいけません。うさぎはデリケートなので、逆に病状を悪化させる結果になってしまいます。異常があれば必ず獣医師に相談してください。

サイン
1

食欲がない

考えられる
原因

- 腸のうっ滞《たい》 ▼ P.122
- 尿石症《にょうせきしょう》 ▼ P.127
- 歯の病気 ▼ P.116
- 毛球症《もうきゅうしょう》 ▼ P.120

✚ 1日食べなかったら、病院へ

草食動物であるうさぎは常に食餌をとっていないと、必要なエネルギー源を得ることができません。

運動不足、食餌があわない、環境の変化によるストレスなどが原因で食欲不振がおこることもあります。この場合は、野菜や果物などを与えたり、外で遊ばせると食欲が戻ってきます。

胃腸をはじめとする内臓疾患《ないぞうしっかん》や歯のトラブルの場合は、容易には回復しません。

食欲が半分以下の状態が 3 日間続いたり、丸 1 日何も食べなかったらすぐに病院に連れて行きましょう。

サイン 2 ウンチが出ない

考えられる原因

腸のうっ滞	粘液性腸症	臼《きゅう》歯《し》過《か》長症《ちょうしょう》
▼	▼	▼
P.122	P.123	P.118

✚ 1日出ないときは、病院へ

ウンチが出なくなったら、胃腸のはたらきがにぶっているサイン。食べた食餌が消化されずに胃や腸のなかにとどまっています。

子うさぎの場合は腸閉塞《へいそく》をひきおこすこともあって危険です。丸1日まったくウンチが出ない場合は病院へ。

サイン 3 ドロドロのウンチをする

考えられる原因

腐ったものを食べた	寄生虫	腸のうっ滞
▼	▼	▼
病院へ	p.123	p.122

✚ 下痢が続くようなら病院へ

健康なウンチは丸くてコロコロしています。やわらかくてニオイがないのが盲《もう》腸便《ちょうべん》(P.19参照)。盲腸便はうさぎが栄養補給のために肛門《こうもん》に口をつけて食べるため、あまり目にふれることはありません。

子うさぎの下痢は命にかかわります。1日中下痢が続くようなら、すぐに動物病院へ連れて行きましょう。

サイン
4

赤いオシッコが続く

考えられる原因

子宮の病気
▼
P.124

泌尿器の病気
▼
P.127

生殖器や尿《にょう》路《ろ》からの出血

赤いオシッコが続くようなら、子宮や尿路の病気で血尿《けつにょう》が出ている可能性があります。病院で尿検査を受けましょう。

うさぎは健康なときでも、食べ物や生理的変化の関係で、にごった白、薄い黄色、オレンジ色、赤色などさまざまな色のオシッコをします。血尿なのか、健康な赤いオシッコなのかは見ただけでは判断ができません。

子宮や尿路の病気は初期には、唯一の症状が血尿という場合も多いので、ほかに症状がなくても動物病院で検査を受けましょう。

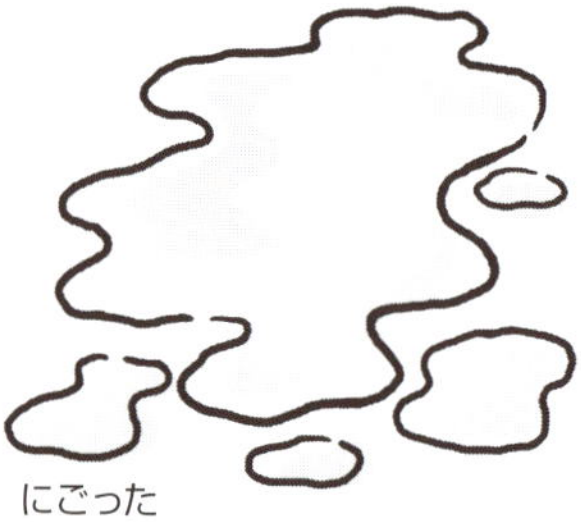

にごった
白いオシッコ

薄い黄色の
オシッコ

赤いオシッコ

rabbit column

透明なオシッコは危険!

ほ乳類の尿中カルシウム排出率は2%ですが、うさぎは約45～60%ものカルシウムを排出しているので、オシッコがにごっているのが普通です。

透明なオシッコはむしろ食物の栄養分がとれていない不調のサインなので注意してください。

サイン 5 おなかがパンパンにふくらんでいる

考えられる原因

鼓《こ》腸症《ちょうしょう》
腸のうっ滞《たい》

▼ P.122

✚ おなかにガスがたまります

　おなかをさわってふくらんでいたら、鼓腸症の疑いがあります。

　腸内にたまった未消化の食べ物が発《はっ》酵《こう》しておなかにガスがたまり、さわると異常に張っていたり、グルグルと音がします。腸のうっ滞が進むとおこる症状です。すぐに病院へ。

サイン 6 耳をしきりにふる、耳をかく

考えられる原因

寄生虫

▼ P.115

✚ 耳ダニがいたら病院へ

　耳のなかをチェックして、汚れていたら掃除をしてやりましょう。炎症がある場合は細菌性外耳炎が考えられます。

　かさぶたがある場合は耳ダニかもしれません。病院へ。

サイン 7

被毛をむしる・抜ける・なめる

考えられる原因

- **皮膚の病気** ▼ P.112
- **寄生虫** ▼ P.114、115
- **ストレス** ▼ 運動をさせる

✚ 皮膚のトラブルが考えられます

しきりに自分の被毛をむしっていたら、皮膚炎かもしれません。

被毛が抜けるのは皮膚のトラブル。ダニの寄生や細菌感染かもしれません。偽妊娠で脱毛するうさぎもいます。

しきりに同じ部分をなめるのは皮膚病、傷などの異常が発生しています。

サイン 8

呼吸があらい

考えられる原因

- **呼吸器の病気** ▼ P.128
- **熱射病** ▼ P.154

✚ すぐに治療が必要

うさぎの呼吸はふだんでも速いものですが、いつもより胸を大きく動かしてあらい呼吸をするときは病気の兆候です。

熱射病などの場合には呼吸が非常にあらくなります。

ぐったりして呼吸があらければ、すぐに治療が必要です。

サイン9 鼻水・くしゃみ

考えられる原因

呼吸器の病気
▼
P.128

病院で相談を

鼻水をたらして、くしゃみをする。人間でいえば風邪の症状ですが、うさぎの場合は多くはパスツレラ菌に感染しておこる呼吸器疾患で、スナッフルといわれる病気の可能性があります。ほかのうさぎにうつしたり、肺炎をひきおこしたりしないように、早めに治療を。

サイン10 目やにや涙が出る

考えられる原因

角膜炎
▼
P.131

細菌感染
▼
P.130

炎症をおこしています

うさぎはふだんあまり涙を流しません。目やにや涙が出るのは、傷や細菌感染によって炎症をおこしているサインです。病状が進行する前に病院で処置してもらいましょう。

サイン11 足をひきずったり、床に着けずに歩く

考えられる原因

骨折
▼
P.134

脱臼《だっきゅう》
▼
P.135

傷を確認して、病院へ

足を傷めています。うずくまっているか、動くのをいやがります。抱くと痛がって暴れることもあります。

骨折や脱臼、神経の病気などの可能性があります。病院へ。

サイン12 歯ぎしりをする

考えられる原因

尿石症 ▼ P.127

歯の病気 ▼ P.116

✚ 体、口をチェックします

体のどこかに強い痛みがあると、うさぎは歯ぎしりをします。

また、歯が痛む場合も歯ぎしりをするので、口や体のチェックをしましょう。

サイン13 うずくまってじっとしている

考えられる原因

いろいろな病気

✚ 体のチェックを

いつもと同じような動きが見られないときは要注意。まず食欲があるかどうか、便が出ているかどうかを調べましょう。食欲がおちているとき、便が出ていないとき、体に力がはいらないときにはうさぎは不安、恐怖を感じ、ケージの隅でうずくまってしまいます。

動物病院に連れて行きましょう。

サイン14 耳を背中につけて動かさない

考えられる原因 いろいろな病気

✚ ほかの症状をチェック

元気なときのうさぎの耳は、よく動きます。耳を背中につけてじっとしているのは、どこか具合が悪いときのポーズ。

ほかに症状がないか、体に異常がないかよくチェックしましょう。また、外傷があるかどうかも確認します。

病院にかかるときのポイント

✚ 電話で確認をする

まず、電話をかけうさぎを診てもらえるかどうかを確認します。

✚ 症状をメモする

いつ、どのような状況で、どんな症状が出ているかを書きとめておきます。

✚ ウンチやオシッコを持って行く

ウンチやオシッコに異常があるようなら、容器に入れて病院に持って行きます。

✚ 日ごろの健康状態を報告する

日ごろの様子や食餌について報告できる人がうさぎを連れて行きます。

皮膚の病気

皮《ひ》膚《ふ》糸《し》状《じょう》菌《きん》症《しょう》（リングワーム）

原因 症状

円形に被毛が抜けます

カビの一種である皮膚糸状菌に感染しておこる病気です。多くの場合、まず円形に被毛が抜けて、脱毛部分の真ん中から再び毛が生えるというドーナツ状の脱毛ができることが多いことから、リングワームとも呼ばれます。

うさぎが無症状で保有している菌がなんらかの原因で発症する場合が多く、脱毛のほかに、フケが多くなる、ときにかゆみが出る、などの症状が見られます。

治療

薬浴や薬を服用します

皮膚糸状菌は被毛とフケに生息しているので、軽症ならフケを落としてマッサージをし、抜け毛をとりのぞくと治ることがあります。通常は薬浴や内服薬、外用薬で治療します。

予防

ケージを清潔に

湿度が高いとカビの活動が活発になります。室内はできるだけ湿気がこもらないようにして、梅雨の時期にはエアコンなどで除湿をしましょう。ケージは毎日、掃除します。

抜け毛がドーナツ状になるのが特徴

湿《しっ》性《せい》皮《ひ》膚《ふ》炎《えん》

原因 症状

ただれて毛が抜けます

ヨダレが肉垂《にくだれ》（あごの下にある肉のひだ）の間にたまる、肥満のためオシッコやウンチが陰部《いんぶ》や下腹のたるみについたままになる、目の下がいつも涙でぬれているなど、皮膚が常に湿った状態になると、そこに細菌が繁殖して炎症をおこします。

皮膚のただれや脱毛といった症状が見られ、患部に細菌が繁殖して皮膚からしみ出した分泌物《ぶんぴつぶつ》でさらにじくじくと湿ります。かさぶたができることもあります。

治療

抗生物質《こうせいぶっしつ》を与えます

皮膚炎をおこしているところの被毛を刈って消毒し、抗菌剤《こうきんざい》や抗生物質を投与して治療します。

皮膚炎自体は治りやすいのですが、皮膚が湿る原因をとりのぞかなければ完治しません。

予防

肥満を予防します

給水ボトルの水もれなどをチェックして、いつもケージのなかを乾いた状態にしておきましょう。

肉垂の間やおなかに発症するのは、ほとんど肥満が原因です。繊《せん》維《い》質《しつ》が多く低カロリーのチモシーを主食として与え、ダイエットをさせ、肥満を解消します。

ヨダレや涙の異常は、獣医師に相談して治療をしましょう。

肉垂の間をチェック

rabbit column

ケージの点検を

ケージに過度な湿気がこもっていないかチェックします。加湿器の水蒸気や外気がケージに直接当たっていないか、ケージの置き場所を見直してみます。

また、ケージのなかに入れている水がもれていないかも、確認しましょう。

ダニによる皮膚病

原因 症状　ダニが寄生します

うさぎに寄生するダニは、主にツメダニ、ズツキダニの2種類です。

ツメダニは頭から、首の後ろや背中に多く発生し、かゆみが強く、多量のフケが出る、皮膚が赤くなる、被毛が薄くなるなどの症状があらわれます。

ツメダニは人間にも感染するため、飼い主の体に赤い発疹《ほっしん》やかゆみが出ることもあります。

ズツキダニは背中に寄生することが多く、ほとんどの場合、目立った症状はあらわれません。

治療　ダニを駆除します

うさぎ専用の薬剤やシャンプーで駆除します。犬・猫用のノミ・ダニ駆除シャンプーは、成分や刺激が強すぎるので危険です。使わないようにします。動物病院で相談しましょう。

予防　清潔な環境を

ダニが発生しにくい環境づくりが大切です。

ブラッシングで体の汚れを落とし、ケージはまめに掃除をして清潔を保ちましょう。

寄生虫を防ぐポイント

部屋／ダニやノミが繁殖しないよう、部屋のすみずみまで掃除をします。

ブラッシング／日ごろの手入れをしっかりして、早期発見につとめます。

シャンプー／被毛にいるダニやノミを退治します。また繁殖も防ぎます。

首や背中の後ろをさかんにかいていたら、チェックを

耳ダニによる皮膚病

原因 症状

耳ダニの感染が原因

耳ダニ（ウサギキュセンヒゼンダニ）は耳の内側に皮膚炎をおこします。

耳ダニが寄生したうさぎと接触すると感染し、進行すると耳のなかに多くのかさぶたが発生します。強いかゆみをともないます。

治療 予防

耳のなかを清潔に

注射や内服薬で治します。予防は耳のなかを清潔にすることです。

耳のなかをまめにチェックして、汚れていたら耳掃除をおこないましょう。

ノミによる皮膚病

原因 症状

ノミが寄生します

うさぎに寄生するノミはほとんどがネコノミです。猫と同居しているうさぎや、外に連れて行って散歩をさせているうさぎに寄生します。ノミにかまれてもほとんど症状は出ませんが、かゆがることがあります。

治療 予防

ノミを駆除します

ノミ駆除の薬剤やシャンプー剤などでノミを退治します。うさぎは薬剤に弱いので、市販の駆除剤をつかう際にも獣医師に相談したほうがよいでしょう。家のなかで猫を飼っている場合は、猫のノミも駆除します。

rabbit column

ノミをやっつけろ！

部屋に黒いゴマのようなものが落ちていたら、白いお皿に入れ、水をかけてみます。赤いしみができるようなら、それはノミのフンです。ノミのフンは動物から吸った血液です。

フンが落ちているということは、卵や幼虫も落ちています。部屋を徹底的に掃除することがノミの生育をさまたげることにつながります。

歯の病気

＊うさぎの歯のしくみ＊

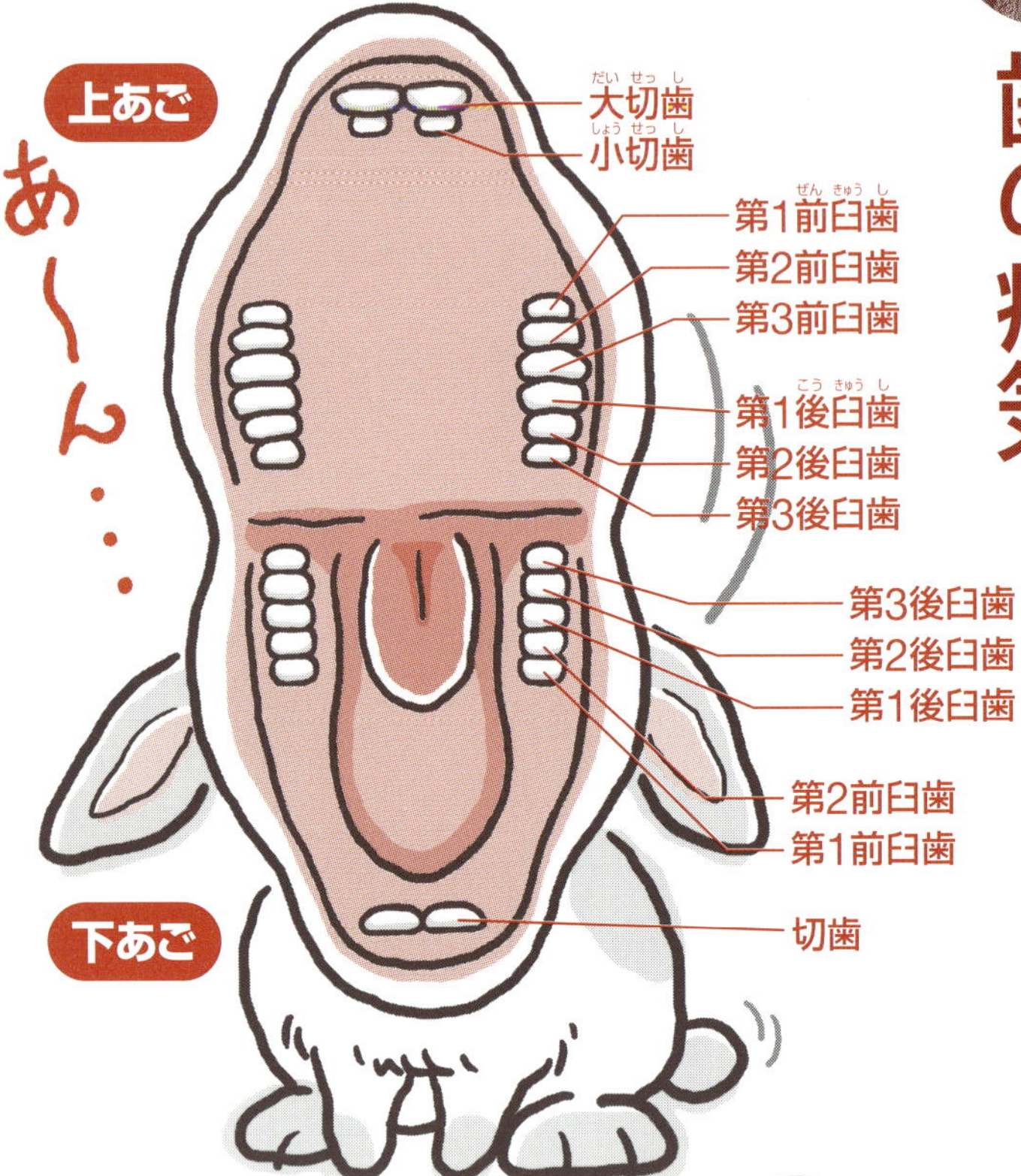
上あご
あ〜ん…
大切歯《だいせっし》
小切歯《しょうせっし》
第1前臼歯《ぜんきゅうし》
第2前臼歯
第3前臼歯
第1後臼歯《こうきゅうし》
第2後臼歯
第3後臼歯
第3後臼歯
第2後臼歯
第1後臼歯
第2前臼歯
第1前臼歯
下あご
切歯

切歯は一生伸び続ける。かみあわせに異常が生じると、伸び過ぎてうさぎがケガをすることも。

切歯過長症《せっしかちょうしょう》

原因・症状　切歯が長くなるのが原因

切歯（前歯）が正常にかみあわなくなる病気です。うさぎの切歯は、上下ともに伸び続けていて、上下をすりあわせてすり減ることで一定の長さを保っています。しかし、かみあわせがうまくいかないと下の歯が上唇《うわくちびる》に、上の歯が口のなかに向かって伸びていきます。そのままにしておくと伸びた歯は唇や歯ぐきに食いこんで、食餌が食べられなくなってしまいます。

また、ヨダレがひどくなってはじめて飼い主が気づくこともあります。

多くの場合、顔面をぶつけて切歯がゆがんだり、金属製のケージをかんで前歯を傷めたりするなどの原因によってこの病気がおこります。

先天的な不正咬合《ふせいこうごう》のうさぎもいます。

治療　歯を削ります

ごく初期や、生後6か月以下なら矯正《きょうせい》することもできますが、多くの場合はかみあわせを正常に戻すことはできません。伸び過ぎた歯を約3週間に1回削って、口のなかに歯が当たらないようにします。歯を削るのは危険なので、必ず動物病院で。

予防　歯のチェックを

ケージをかむくせを直します。うさぎが何かを要求してケージをかんでいる場合は、あきらめるまで無視を。

かむくせがなかなか直らないようなら、ケージの内側に板などを張ってかめないようにしましょう（P.84参照）。

不正咬合を初期に発見するために、ときどき仰向《あおむ》けに抱いて歯のチェックを忘れずに。

歯のチェックをおこないましょう

臼《きゅう》歯《し》過《か》長《ちょう》症《しょう》

原因 症状 食欲がなくなります

臼歯（奥歯）が正常にかみあわなくなって、歯が摩耗《まもう》できずに伸び過ぎてしまう病気です。上が外側に、下が内側に向かって伸びた歯は、トゲ状となって頬《ほお》や舌を傷つけます。

口のなかが傷ついたうさぎは食欲が落ち、進行すると食餌がまったく食べられなくなってしまいます。ヨダレの量が増えて口のまわりに湿性《しっせい》皮膚炎《ひふえん》がおきることもあります。食餌がとれないと胃腸障害や栄養不良になってしまう危険もあるので、早めの治療が必要です。

うさぎの臼歯は構造上、獣医師などの専門家でないと見ることができ

ません。ヨダレが出る、口をクチャクチャさせる、痛みのあまり歯ぎしりをする、食欲が落ちるなどが、臼歯過長症のサインです。

臼歯過長症の主な原因は、繊維質《せんいしつ》の少ない食餌や、粒のかたいラビットフード、歯根《しこん》の感染症などです。小型のうさぎでは、遺伝的になりやすい傾向があります。

治療 歯を削ります

伸び過ぎた歯を、切ったり削ったりして粘膜に当たらないようにします。正常なかみあわせに戻って、歯が順調にすり減るようになれば問題はありませんが、多くは再発しますから、伸びるたびに処置をおこなわなくてはなりません。

予防 干し草を大量に与えます

臼歯は食べ物をすりつぶすことで正常にすり減ります。歯がしっかりすり減るように、繊維質の多い干し草のチモシーを食べさせます。

歯をすり減らすためにチモシーを食べさせる

rabbit column

むし歯になる？

うさぎはほとんどむし歯にはなりません。うさぎの歯は伸び続けるので、むし歯ができたとしても、すり減っていく歯とともになくなります。

ただ、甘いものを食べさせると胃腸に障害やカロリーオーバーになるので、むし歯にならないとはいえ、甘いものは禁物です。

胃腸の病気

＋毛球症《もうきゅうしょう》

原因
症状

胃のはたらきの低下

飲みこんだ被毛が胃の出口につまってしまう病気が毛球症です。うさぎの胃腸の構造上、いったん飲みこんだものを口から吐くことができないため、毛づくろいで飲みこんだ被毛が排泄《はいせつ》されずに固まってしまうと、食欲不振を繰り返して体重の減少がおきたり、胃が急激にふくらんで激痛をひきおこす急性鼓腸《こちょう》になったりします。

悪化すると、胃に穴があく胃穿孔《いせんこう》になって死んでしまうこともあります。

うさぎの胃のなかにはふつうでも被毛があり、健康なときには被毛は便といっしょに排泄されます。

ストレスで緊張して胃のはたらきが低下したり、繊維質《せんいしつ》の少ない食餌をとっていることが、毛球症が発症するきっかけになります。

治療

胃腸のはたらきをよくします

胃腸のはたらきをよくする薬や食欲増進剤の投与、潤滑剤《じゅんかつざい》を飲ませて排泄をうながします。それでも排泄されない場合は、手術で胃を切開して毛球をとりだします。

毛球症を
防ぐには
運動量を
増やす
抜け毛を
とる
ぺた
ぺた…

予防

抜け毛をとります

食餌がラビットフードにかたよっているうさぎは毛球症にかかりやすくなります。

ふだんから繊維質の多い干し草を十分に食べさせておくことがいちばんの予防策です。

大量の毛が抜ける換《かん》毛《もう》期《き》には、グルーミングで飲みこむ被毛の量が少なくなるように、毎日ブラッシングをして抜け毛をとりのぞきます。

タンパク質を分解するフルーツ酵《こう》素《そ》や、ペースト状の緩《かん》下《げ》剤《ざい》など、毛球症予防の補助食品を与えてもよいでしょう。

毛球症予防の補助食品はペットショップで販売されています。

rabbit column

犬や猫にも毛球症はあるの？

犬や猫にも毛球症はあります。ただうさぎと違って胃のなかのものを吐くことができるので、それほど重症にはなりません。

犬より猫がなりやすい病気ですが、猫は草を食べ、胃を刺激して吐き出します。うさぎは胃の機能上、吐くことができません。

もぐもぐ…
干し草
干し草を食べさせる

ブラッシングをする
きもちい～っ

腸のうっ滞《たい》

原因症状 腸のはたらきが低下

腸のはたらきが低下し、軟便や便秘をおこします。原因はストレス、食餌量の低下、腸内細菌の異常、細菌感染、かたよった食餌などで、いくつかの原因が複雑にからみあっていることもあるようです。

症状は原因によって異なり、軟便や、下痢、便秘、元気がなくなる、食欲不振、鼓腸症《こちょうしょう》（腹部の膨満《ぼうまん》）などがあらわれます。生後3か月以下の子うさぎが細菌性の下痢にかかった場合は、多くが死に至ります。

治療 原因に応じて処置を

細菌感染には抗生物質《こうせいぶっしつ》を投与します。原因が特定できない場合は、整腸剤や消化機能改善剤などで症状にあわせた対処をし、脱水症状があれば点滴をします。

ガスがたまっているときには、腸のはたらきがよくなるようにおなかをマッサージします。

予防 食生活を正しくコントロール

ふだんから正しい食生活をさせて腸内環境を整えておけば、腸のトラブルは少なくなります。細菌に感染しないよう、いつも新鮮で清潔な飲み水や食べ物を与えることもポイント。

うさぎはストレスでよく下痢をします。ストレスの原因を探して改善することも、トラブル予防のひとつです。

粘《ねん》液《えき》性《せい》腸症《ちょうしょう》

原因 症状　食欲がなくなります

盲腸便秘《もうちょうべんぴ》ともいわれ、子うさぎによくおこりますが、おとなでもかかります。

原因は不明ですが、盲腸の機能が低下して便がたまり、直腸や結腸からゼリー状の粘液が排出され、便が出なくなります。自律神経が関係しているともいわれています。

食欲、元気がなくなり、水を多く飲むようになります。

治療　胃腸のはたらきをよくします

胃腸のはたらきをよくする薬や食欲増進剤を投与します。衰弱が激しければ点滴をすることもあります。

このほかの腸の病気

●細菌による腸の病気

大腸菌症	産まれたばかりの子うさぎがかかると、死亡率が高い。
クロストリジウム症	離乳《りにゅう》期のうさぎがよくかかる。腸毒素により死に至ることも。
サルモネラ菌症	まれにおこる感染症。汚染された飼料が感染源となる。

●寄生虫による腸の病気

コクシジウム	小腸、盲腸、結腸に寄生する。子うさぎがかかると腸炎をおこす。
ウサギ蟯虫《ぎょうちゅう》	便といっしょに5㎜ほどの細長い虫が出て気づく。

子宮の病気

子宮腫瘍《しゅよう》

原因 症状 赤いオシッコが続きます

子宮にできる腫瘍には、子宮ガン、子宮筋腫《きんしゅ》などがあります。3歳以上のうさぎがかかりやすい病気で、メスうさぎの死因のなかで高い割合を占めています。

原因は発情ホルモンの影響と考えられています。

子宮ガン、子宮筋腫ともに、初期には目立った症状はなく食欲もあり、元気で健康なときと変わりません。しかし、進行してくると子宮から出血するようになり、オシッコに

＊メスの生殖器＊

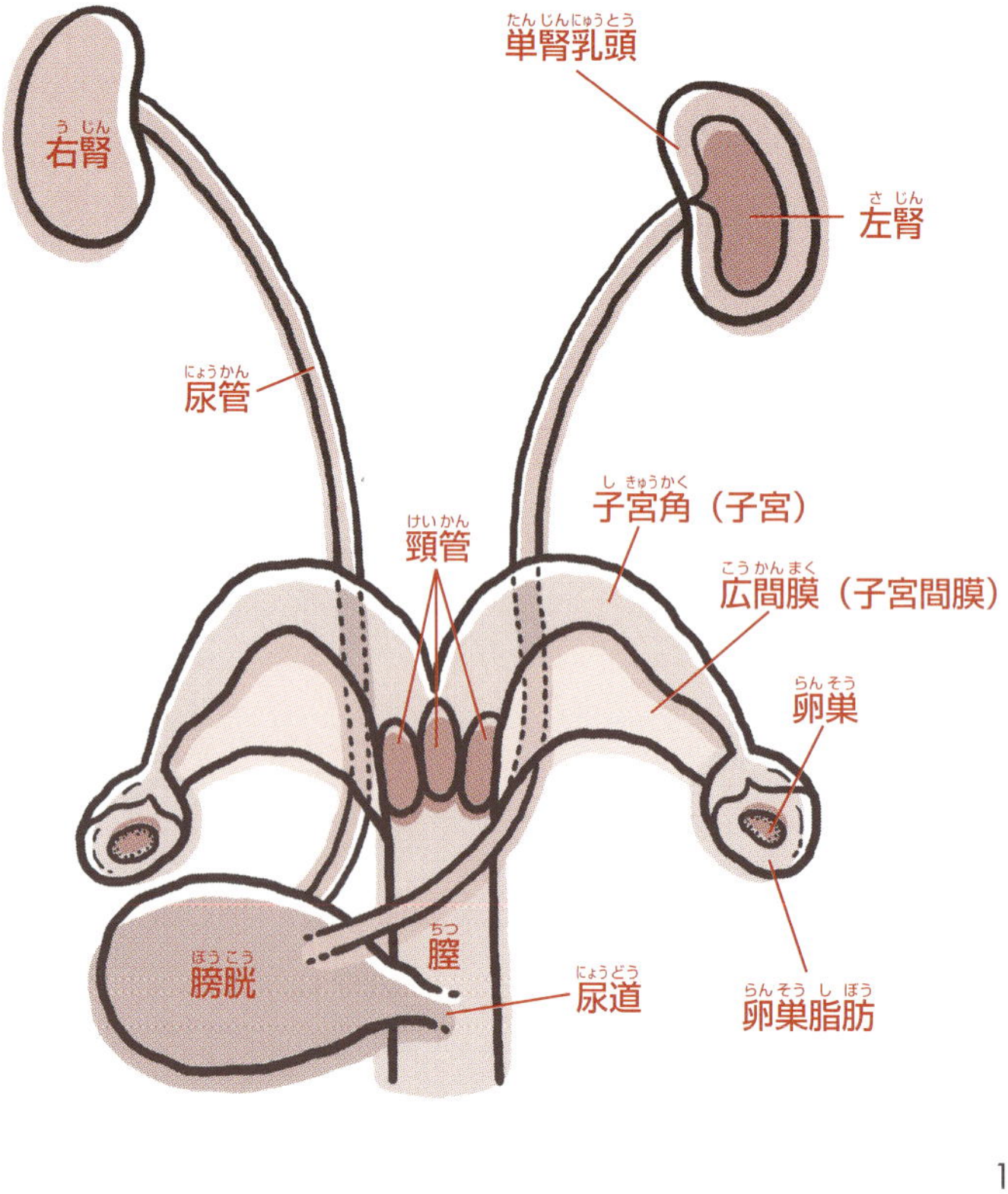

単腎乳頭《たんじんにゅうとう》
右腎《うじん》
左腎《さじん》
尿管《にょうかん》
子宮角《しきゅうかく》（子宮）
頸管《けいかん》
広間膜《こうかんまく》（子宮間膜）
卵巣《らんそう》
膣《ちつ》
膀胱《ぼうこう》
尿道《にょうどう》
卵巣脂肪《らんそうしぼう》

血が混じることがあります。

うさぎは健康なときでも白、黄色、赤などさまざまな色のオシッコをしますが、赤いオシッコが続くようなら血尿《けつにょう》を疑う必要があります。

子宮ガンの場合には、肺や肝臓などに転移して進行すると死亡します。子宮筋腫でも出血が続くと貧血をおこし、命にかかわります。

治療

子宮を摘《てき》出《しゅつ》します

子宮ガン、子宮筋腫とも手術で子宮を摘出します。貧血がおこったり、食欲が低下してからでは、手術に耐えられないことがあるので、子宮の腫瘍は早期発見が大切です。

予防

避《ひ》妊《にん》手術をします

血尿に注意し、2歳を過ぎたら毎年健康診断を受けるように。避妊手術をすれば子宮の病気は防げます。

子どもを産ませる予定がなければ、できるだけ避妊手術を受けるようにしましょう。避妊手術をするならば、生後5か月を過ぎてから、3歳までにすませるのがうさぎの体力からみてベストです。

オシッコに血が混じったら要注意

rabbit column

避妊手術は太っていないときに

避妊手術では卵巣、子宮を摘出します。子宮間膜は脂肪がたまりやすいところです。脂肪が多いと血管が見にくく手術が困難になるので、脂肪が少ない1歳くらいまでに手術をするのが望ましいものです。

太っている場合は、体重を減らしてから手術をおこなうほうがよいでしょう。

子《し》宮《きゅう》水《すい》腫《しゅ》

原因 症状

子宮に水がたまります

子宮に水がたまっておなかがふくらむ病気で、ホルモン異常が原因とされています。不妊《ふにん》や、胃腸が圧迫されることによって消化機能が低下するといった症状が出て、進行すると呼吸困難や食欲不振などがおこります。

細菌感染すると子宮内に膿《うみ》がたまり子宮蓄膿症《しきゅうちくのうしょう》をひきおこすことも。

治療 予防

卵巣・子宮の摘出《てきしゅつ》を

手術で卵巣と子宮を摘出します。進行して体力が落ちると手術が困難になるので、早期発見して手術をおこなう必要があります。子宮腫瘍同様に避妊手術をすれば予防できます。

こんな症状に注意!
いらな〜い…
ごはん
食欲不振
呼吸困難
はぁ…
はぁ…
はぁ…

子宮内《ない》膜《まく》症《しょう》／子宮蓄膿症

原因 症状

子宮が腫れます

子宮内膜が異常に腫《は》れあがる病気で、ホルモン異常が原因です。子宮内膜症に細菌感染が加わると子宮蓄膿症になり、食欲が落ちることがあります。

腫瘍《しゅよう》と同様、血尿が見られることが多く、おなかをさわると腫《は》れた感じがすることがあります。

治療 予防

子宮を摘出します

治療には、子宮と卵巣の全摘出手術をおこないます。

病気予防のためには避妊手術が有効です。

泌尿器の病気

尿石症《にょうせきしょう》

原因 症状

排尿時に痛がります

うさぎのオス、メスともにかかりやすい病気で、腎臓、膀胱《ぼうこう》、尿管など、オシッコの経路に結石《けっせき》ができます。カルシウムのとり過ぎや、水分の不足、細菌感染などが原因です。

症状は結石のある部分によって異なりますが、痛みが激しくなると、うさぎはうずくまったり歯ぎしりをしたりします。

膀胱の出口や尿道が結石でつまると尿が出にくくなります。オシッコの切れも悪くなります。

治療

石をとりのぞきます

結石が小さければ、利尿剤《りにょうざい》や水分の多い食餌で体外に流すことができます。大きな場合は、手術で結石をとりのぞきます。結石さえとりのぞけば、痛みや各症状はすぐに治まります。

膀胱炎を併発している場合は、抗生物質を投与します。

予防

カルシウムの少ない食餌を

尿結石の原因のほとんどは、カルシウムのとり過ぎです。カルシウムの少ない食餌を与えるように心がけましょう。干し草はアルファルファよりもカルシウムが少ないチモシーを。

ラビットフードは成分表を見てカルシウムの少ないものを選びます。

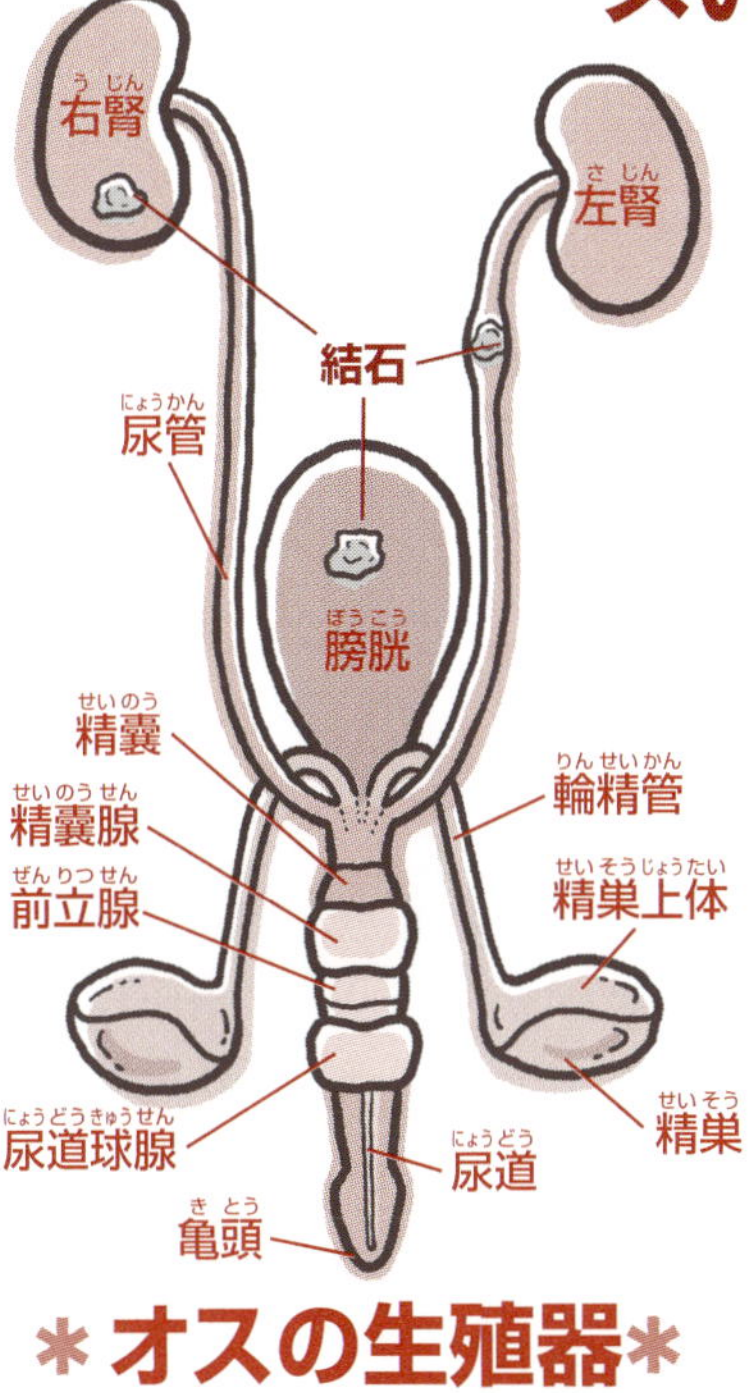

＊オスの生殖器＊

呼吸器系の病気

スナッフル

原因症状

細菌に感染して発症します

スナッフルはうさぎの慢性鼻炎の俗名です。パスツレラ菌に感染して発症することがいちばん多いようです。薄い鼻汁やくしゃみからはじまり、だんだんと粘りのある濃い鼻汁、せき、呼吸のときにズー、グシュという鼻やのどのなる音がします。進行すると肺炎や肋膜炎《ろくまくえん》のほか、各臓器に感染が広がることがあります。

不潔な飼育環境、栄養不良、ストレス、環境や温度の急激な変化などによっておこります。

治療

抗生物質《こうせいぶっしつ》を投与します

抗生物質を投与して治療をおこないますが、病原体を完全に体からなくすことはむずかしく、再発することもあります。

予防

ケージ内を清潔に

ケージ内を清潔にする、換気のよい場所で飼育する、正しい食餌を与えるなど、清潔な環境で飼育することが発症を予防します。多頭飼いのなかの一匹が感染したら、ほかのうさぎとできるだけ離します。

うさぎの前足が汚れているときは、鼻汁をふいている

こんなサインに注意

はっ
くしゅん
ず
っ
グシュグシュと
のどをならす
くしゃみ
粘りの
ある鼻汁
せき
ズーズー
音がする

✚ ほかの呼吸器系の病気

肺炎	細菌やウイルスによりおこる。 発熱や呼吸困難が見られ、死亡率は高い。
胸腺腫《きょうせんしゅ》	胸腺にできる腫瘍《しゅよう》。 呼吸が速くなり、呼吸困難になる。
アレルギー性鼻炎	アレルゲンによる鼻炎。 気管支炎になることもある。

目の病気

＋結膜炎《けつまくえん》

原因 症状

目に炎症がおこります

パスツレラ菌や黄色《おうしょく》ブドウ球菌などの細菌に感染したり、干し草のチリやトイレから立ちのぼるアンモニアなどが目を刺激して、炎症がおこります。

多量の目やに、まぶたの腫《は》れ、結膜の充血などの症状が見られ、しばしば、患部に痛みやかゆみをともないます。

目やにがまぶたにはりついて目があかなくなったり、目のまわりが湿《しっ》性《せい》皮《ひ》膚《ふ》炎《えん》にかかることもあります。

治療 予防

抗生物質《こうせいぶっしつ》を投与します

目を洗浄して眼軟膏《がんなんこう》や目薬をつけます。化膿《かのう》がひどければ抗生物質を投与します。予防には、ケージ内を清潔にして細菌やチリを防ぐことです。

干し草やワラのチリにも注意

＋鼻涙管閉塞《びるいかんへいそく》／涙嚢炎《るいのうえん》

原因 症状

鼻涙管が炎症をおこします

涙が通る鼻涙管の一部が、伸び過ぎた歯根《しこん》に圧迫されてつまり、そこに細菌が感染して炎症がおこります。この病気にかかると、にごった白い涙で目頭の毛がべとべとに汚れます。鼻涙管と臼歯《きゅうし》の歯根とが接近し、歯根の炎症が波及することが主な原因です。

治療 予防

歯の病気の予防を

鼻涙管を洗浄して清潔にします。化膿《かのう》している場合は抗生物質を投与します。歯根の病気が原因になることが多いので、固過ぎるフードは禁物です。

角《かく》膜《まく》炎《えん》

原因 症状 **角膜に炎症がおこります**

目を傷つけたり、ゴミが入ったりして角膜が傷つき、炎症がおこります。

角膜がにごって白くなり、悪化すると角膜に穴があくこともあります。目を細めていたり、目をさかんに気にするような動作をしていたら、チェックしましょう。

治療 **目薬を処方してもらいます**

動物病院で診察を受け、目薬を処方してもらいます。

部屋のチェックもおこないましょう。目を傷つける角ばったものがないか、ゴミが散乱していないかなどうさぎの生活環境を見直しましょう。

目薬のさしかた

1 仰向《あおむ》けに抱きかかえます。

2 上まぶたと下まぶたをひっぱり、目尻から目薬をさします。

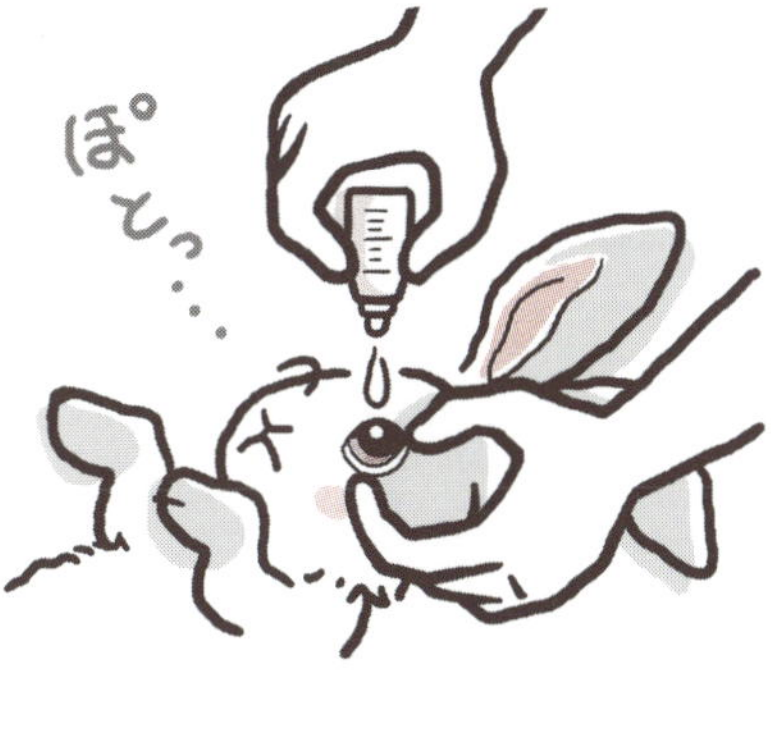

うさぎの目の色は赤？

うさぎの目の色は赤色だけと思いがちですが、そうではありません。黒、茶色、水色とさまざまです。目の色はそのうさぎが持つ色素によって違います。

ポーリッシュ、ヒマラヤン、レッキスには赤い目が多いようです。

神経系の病気

斜傾《しゃけい》

原因症状

首が傾きます

首が左右どちらかに傾く病気です。ほとんどの場合、内耳《ないじ》が細菌に感染して平衡感覚《へいこうかんかく》をつかさどる器官が機能しなくなることによっておこります。まれにですが、寄生虫が脳にダメージを与えて発症することもあります。

軽症なら首をかしげる程度ですが、首の傾きが激しく、眼球しんとう（眼球が揺れる状態）をおこし、目をまわして自分で立っていられなくなります。そして、自分の意志で体がコントロールできず、ゴロゴロと転がるようになります。

進行の速度はさまざまですが、悪化すると不安感から、食餌や水がとれず、死んでしまうこともあります。

また、事故などで首の骨や筋肉が傷ついて首が傾くこともあります。その場合は、平衡感覚を侵されることはありません。

治療

安静に過ごさせます

細菌感染の場合には、抗生物質《こうせいぶっしつ》を持続的に投与して治します。治療に

こんなサインに注意！
ゴロゴロ転がる
ずっと首をかしげている

は根気が必要で、一般的に1か月、長いと3～4か月かかります。

中途半端に治療をやめると再発するので、必ず完治するまで続けましょう。

投薬以上に大切なのは看病です。バランスを失ってパニックになっているうさぎに、落ち着ける場所をつくってやります。と同時に食餌の管理もします。流動食を食べさせ、きちんと栄養をとらせてやる必要があります。

発病してから2～3日以内に治療をはじめれば、ほとんどのうさぎは完治しますが、遅れると障害が残ることもあります。

斜傾はある日突然おこります。うさぎの首が傾いているのを見つけたら、すぐに動物病院へ連れて行きましょう。

ほかの神経系の病気

鉛中毒《なまりちゅうどく》	鉛による中毒。抑うつ、食欲がなくなる、体重が減るなどの症状がおこる。
てんかん	突然けいれんをおこし、数分でもとに戻る。ほかの病気に伴う脳障害でてんかんが見られることも。
熱射病	高温にさらされたり、直射日光に当たることでおこる。ショック状態になる。
フロッピーラビット症候群	四肢《しし》と頸《くび》が麻痺《まひ》する。ひどい場合は呼吸不全で死亡することがある。

骨の病気

骨折《こっせつ》

原因 症状　事故が原因です

高い所から跳び下りる、ケージの金網や家具のすきまにはさまって大暴れする、人が誤ってうさぎを踏んでしまうなど、多くは家庭内の事故が原因でおこります。

骨折でいちばん多いのが後ろ足の脛骨《けいこつ》骨折と、脊椎《せきつい》骨折です。脛骨骨折の場合には、足をひきずったり、足を上げたままで歩くなどの行動を見せ、痛みがひどいとうずくまって動かなくなります。

脊椎骨折では、一時的に意識がなくなったり体が硬直したりします。

脊椎の骨折は軽い場合でも麻痺《まひ》が残ることが多く、後半身が完全に麻痺して動かなくなってしまいます。

治療 予防　手術をします

脛骨骨折はギプスで外側から固定するか、手術で骨を直接固定して治します。

脊椎骨折は、安静にして内科治療をほどこすことである程度まで回復することもありますが、脊髄が完全に切れてしまった場合は回復しません。

こんなサインに注意！

一方の足をひきずるように歩く

足を上げたまま歩く

脱《だっ》臼《きゅう》

原因 症状

関節の骨がはずれます

暴れたり、高い所から落ちたりすると、関節の骨がはずれる脱臼をおこすことがあります。

股《こ》関節《かんせつ》やひざ関節、ひじ関節など、脱臼した部分が曲げ伸ばしできなくなってしまいます。歩き方がおかしいときは、関節をやさしくさわり、どこを痛がるかチェックします。

治療 予防

骨の位置を戻します

脱臼は、放っておくと治らなくなるので、必ず動物病院へ連れて行きましょう。

麻酔をかけて外側から骨の位置を戻したり、手術をして治します。

＊こんな事故がケガの原因に＊

危険なものがなくても、家庭内で事故はおこります。
うさぎが生活するスペースに危険があるかないか、気をつけておきましょう。

動物病院の選び方

健康なときにかかりつけの動物病院を見つけておく

人間の病院は内科や外科など専門によって分かれていますが、動物病院は動物のすべての病気に対応します。また、動物病院には犬、猫、小鳥、小動物などさまざまな動物が来院します。獣医師によって得意分野は異なりますが、患者の多くは犬と猫で、うさぎの治療経験が豊富な獣医師は少ないのが現状です。

うさぎのことはわからないと診察を断られたり、間違った治療をされると困ります。体調が悪くなってからいくつもの病院をまわるより、健康なときにうさぎに詳しい信頼できる獣医師を見つけておきましょう。

うさぎに詳しい獣医師の情報は口コミで集めます。うさぎを買ったペットショップや、近所でうさぎを飼っている人に聞いてみましょう。また、最近ではインターネットに多くのうさぎ関係のホームページがあります。ホームページの掲示板などで質問をしてみるのもよいでしょう。

よい動物病院が見つかったら、病気になる前にうさぎを連れて行って健康診断をしてもらいましょう。うさぎを前もってその病院に慣らせておくと、飼い主も安心です。

動物病院に行く前には、必ず電話で予約をしておきましょう。受診する場合には、飼い主が獣医師に正確にうさぎの病状を伝えることが大切です。

いつ、どんな症状が出たか、食欲、便、尿などの状態、いつもとの違い、過去の病歴、ふだんの食餌内容、健康時の体重などをきちんと説明することが、獣医師の正確な診断の助けになります。

チェックシート

動物病院に連れて行く前に下記のチェックシートに書きこんでおきましょう。あらかじめ用意しておくと、診察の参考になります。

＊うさぎについて

- 名前（　　　　　　　　）　●品種（　　　　　　）　●色（　　　　　　）
- 年齢［生年月日］（　　　　　　　　　）　●性別（　　　　　）
- 避妊／去勢　済み／未　●入手した年月日（　　　　　）
- 入手先　ペットショップ／友人／ブリーダー　●同居うさぎ　いる／いない
- うさぎは家中自由に動きまわりますか　はい／いいえ
- 一部屋に住まわせている場合、どのように飼っていますか［ケージ、ケージの高さ］（　　　　　　　　　　　　　　　　　　　　）
- 室温（　　　　　）　●エアコンは使用していますか　はい／いいえ
- うさぎが家具などを壊したことがありますか　はい／いいえ
- 壊したことがある場合、どのようにして壊しましたか（　　　　　　　　）
- 家族にタバコを吸う人がいますか　はい／いいえ
- 排便、排尿はどこでしますか（　　　　　）　●床敷は　わら／干し草／両方
- 食べているものをすべて書いてください（　　　　　　　　　　）
- うさぎの食べ物はどこで買っていますか（　　　　　　　　　　）
- 最近食べ物を変えましたか　はい／いいえ
- これらのものを与えていますか
  ビタミン剤／ミネラル剤／強壮剤／薬／腸内菌製剤（栄養剤など）
- 水は1日にどのくらい飲みますか（　　　　　　　　　　　　）
- どのくらいの間隔で被毛の手入れをしますか（　　　　　　　　　）
- いつ換毛しましたか（　　　　　）　●いつ出産しましたか（　　　　　）
- いつ巣づくりをしましたか（　　　　　　　　　　　　　　）
- 今までにかかったことのある病気（　　　　　　　　　　　　）

＊現在の症状について

- どんな症状ですか（　　　　　　　　）　●便の形や大きさ（　　　　　）
- 尿の色（　　　　　）　●尿スプレーをしますか　はい／いいえ
- 水をいつもより多く飲みますか　はい／いいえ
- 鼻水や目やには出ますか　はい／いいえ
- 足をふみならしていますか　はい／いいえ
- 異常な声を出しますか　はい／いいえ　●皮膚と被毛の状態は（　　　　　）

うさぎの発情期は年中続きます

オスはメスにあわせて発情

うさぎのように力の弱い草食動物は、早いサイクルでたくさんの子どもをつくります。

したがって性成熟は早く、うさぎのメスは生後3か月くらい、オスは生後5か月くらいから生殖行動ができるようになります。

メスは12～14日の発情期と、2～4日の休止期を一年中繰り返しています。ほとんどいつも発情しているといってもよいでしょう。

成熟したオスは、メスの発情にあわせていつでも発情します。メスは交尾が刺激となって排卵《はいらん》をするので、高確率で妊娠します。妊娠から出産までは約30日。出産が終われば、メスはすぐに発情するので、自然にまかせているとどんどん子どもが増えてしまいます。

メス同士のマウンティングや、生殖能力がないオスと交尾した場合でも排卵がおこるので、多くのメスには偽妊娠《ぎにんしん》が見られます。偽妊娠の場合は交尾から約16日くらいで母乳が出るようになり、本当の妊娠同様に、自分の毛を抜いて巣づくりをはじめます。

偽妊娠はそのうち治まります。処置や治療は必要ありませんが、繰り返し偽妊娠がおこると母乳がたまって乳腺炎《にゅうせんえん》をおこすことがあります。

多産なうさぎですが、出産は母うさぎの体力を奪います。

また、出産にかかわるトラブルで、母うさぎや子うさぎが死んでしまうこともまれではありません。繁殖はリスクを考えて慎重におこないます。

rabbit column

偽妊娠は病気？

偽妊娠は病気ではありません。交尾がうまくいかなかったり、生殖能力がないオスと交尾したり、メス同士でマウンティングをしてもおこります。

15～17日くらいで、偽妊娠は治まります。

＊うさぎの性成熟＊

オスは
生後 5 か月
メスは
生後 3 か月

発情期になったら オスとメスを 近づけない

ママ…
ぼ〜や…

「まだ、子うさぎと思っていたら、妊娠してしまった」というケースは多いものです。とくに注意したいのは母うさぎと息子、オスとメスの兄弟同士がいっしょにいる場合です。

　メスが生後 3 か月を過ぎたら、たとえ親子兄弟であってもオスとは離すようにします。

●うさぎの出産計画●

お見合いをさせましょう

メスをオスのところに連れて行きます

お見合いは、メスが生後5か月を過ぎてからおこないます。うさぎの妊娠期間は約1か月です。

産まれた赤ちゃんが体調をくずしやすい真冬や真夏を避けた出産計画を立てて、お見合いをさせましょう。

うさぎはなわばり意識の強い動物です。メスのテリトリーに突然見知らぬオスを入れると、メスが怒ってオスを拒んだり、攻撃をすることがあります。

お見合いをさせるときは、オスが主導権を握れるようにオスのところにメスを連れて行ったほうがうまくいきます。

オスのところに連れて行ったら、まず、メスをケージに入れたままオスをケージのまわりに放してみましょう。

お互いにニオイをかぎあうなどして、コミュニケーションをとるので、両方が気に入ったようであれば2匹をいっしょにしてみましょう。1匹用のケージに入れると狭すぎるので、サークルか部屋のなかに放します。

交尾を見届けたら2匹を離して連れて帰ります。うさぎの交尾は20〜30秒ほどで終わるので、飼い主が見逃してしまうこともよくあります。

その場合も、2匹をいっしょにしておくのは長くても半日にします。

rabbit column

うさぎのメスは自立している

メスは子育てにオスを頼りません。交配がうまくいき、妊娠すれば、メスはオスには無関心です。むしろ、子育てのときにオスがいると、オスをうとんじたり、威嚇《いかく》したりします。オスは邪魔な存在なのです。

夫婦つがいで仲むつまじく、というのはうさぎには当てはまらないようです。

長くいっしょにしておくと出産予定日がわからなくなり、適切な時期に出産準備ができなくなってしまいます。

メスがオスを拒むことはあまりありませんが、興味を示さない、攻撃的になる、オスがうろたえて交尾できないといった場合は、お見合いは中止です。新しいお見合い相手を探しましょう。

うまくいかなかった相手でも、時間や場所を変えるとうまくいくこともあります。

お見合いの間は、飼い主は目を離さないように注意します。もしも、ケンカになってしまったら、すぐに2匹を引き離しましょう。鼻先に水スプレーをかけてうさぎの興奮をおさえたり、タオルでくるんで引き離すと、スムーズに離せます。

メスをケージに入れたままにして、オスを自由にさせる

メスはテリトリー意識が強い

テリトリー意識が強いのはオスといわれがちですが、うさぎの場合、メスもテリトリー意識が強いものです。そのため多頭飼いに向きません。

発情しているからといっても、メスは自分のテリトリーにオスを迎えるのを好みません。テリトリー以外の場所で会わせるようにします。

出産準備をしましょう

＊うさぎの巣づくり＊

巣づくりをはじめます

うさぎは交尾のあとに排卵《はいらん》をするので、高い確率で妊娠します。交尾後3週間ほどして体重が増えてきたら妊娠のサインです。妊娠期間は1か月なので、交尾の25日後には、出産のための環境を整えます。

うさぎはわらなどを敷いた狭い場所で出産をします。出産予定日の4～5日前に、ケージのなかに出産用の巣箱と、巣づくり用のわらを入れます。うさぎは自分の被毛を抜き、巣づくりをします。巣箱は、母うさぎが横になって、子うさぎといっしょに過ごせる広さが必要です。

しかし、それ以上に広いと落ち着かないので使いたがらないこともあります。市販の巣箱のほか、丈夫な木箱などでもかまいません。

＊妊娠中のケア＊

食餌

食欲が旺盛。フードはやや多めの量を与えます。

静かに過ごさせる

神経質になるので、あまり干渉しないようにします。

妊娠中のケア

妊娠初期はふだんと変わりませんが、だんだんと食欲が増してきます。妊娠3週間めになったら、ふだんの倍の量の食餌を与えましょう。栄養価の高い、妊娠・授乳中のうさぎ用フードを与えてもかまいませんが、いつもと違うフードは食べないかもしれません。

飼い主がいつもと違った態度で接すると、環境の変化に敏感なうさぎはストレスを感じます。妊娠中でもいつもどおりに接して、掃除もふだんと同じようにおこないます。ただし、出産間近になると、母うさぎは神経質になってさわられたりするのをいやがるようになります。出産直前は静かに見守ってやりましょう。

子育て中の母うさぎは神経質

飼い主がかまい過ぎないことが大切

出産用の巣箱とわらを用意すると、うさぎは自分で巣箱にわらを敷いて産床《さんどこ》をつくります。出産が間近になると、自分の肉垂《にくだれ》や胸、おなかから被毛を抜いて、産床に敷きつめます。被毛を抜くのは赤ちゃんの保温のためだけではありません。被毛に埋もれていた乳首があらわれ、赤ちゃんが母乳を飲みやすくなります。

毛を抜きだしてから、早くて数時間、長くて2～3日のうちに出産がはじまります。出産は通常、早朝にはじまることが多く、1回のお産で2～12匹の赤ちゃんを産みます。

ちゅ～
ちう
ちう…
ちう…
授乳中の母うさぎはそっとしておきましょう
し～っ…
ケージを囲い、周囲の物音をカット

かわいいうさぎの出産は気になるものですが、心配だからといってさわったり、巣箱をのぞいたりしてはいけません。母うさぎはとても神経質になっています。かまうと、子育てをしなくなったり、赤ちゃんを殺してしまうこともあります。

産まれたばかりの赤ちゃんを見たい、何匹産まれたか知りたいといった気持ちはおさえて、そっとしておくことが大切です。ケージのまわりに目隠しなどを立てて、人間やほかの動物の気配から守ってやるとうさぎは落ち着いて子育てに専念できます。

子育ては母うさぎにまかせて、出産後1週間は食餌と水を換える以外はそっとしておきましょう。

その間はケージの掃除も最少限にします。

rabbit column

産まれる赤ちゃんの数は？

ひと腹で産まれる子うさぎの数は2～12匹。大形の品種ほど、産まれる数は多いものです。大きさは体長5㎝ほど。母うさぎがなめて、被毛を乾かし、1日1回だけ授乳をします。

子うさぎ同士
くっついて過ごす

母うさぎのケア

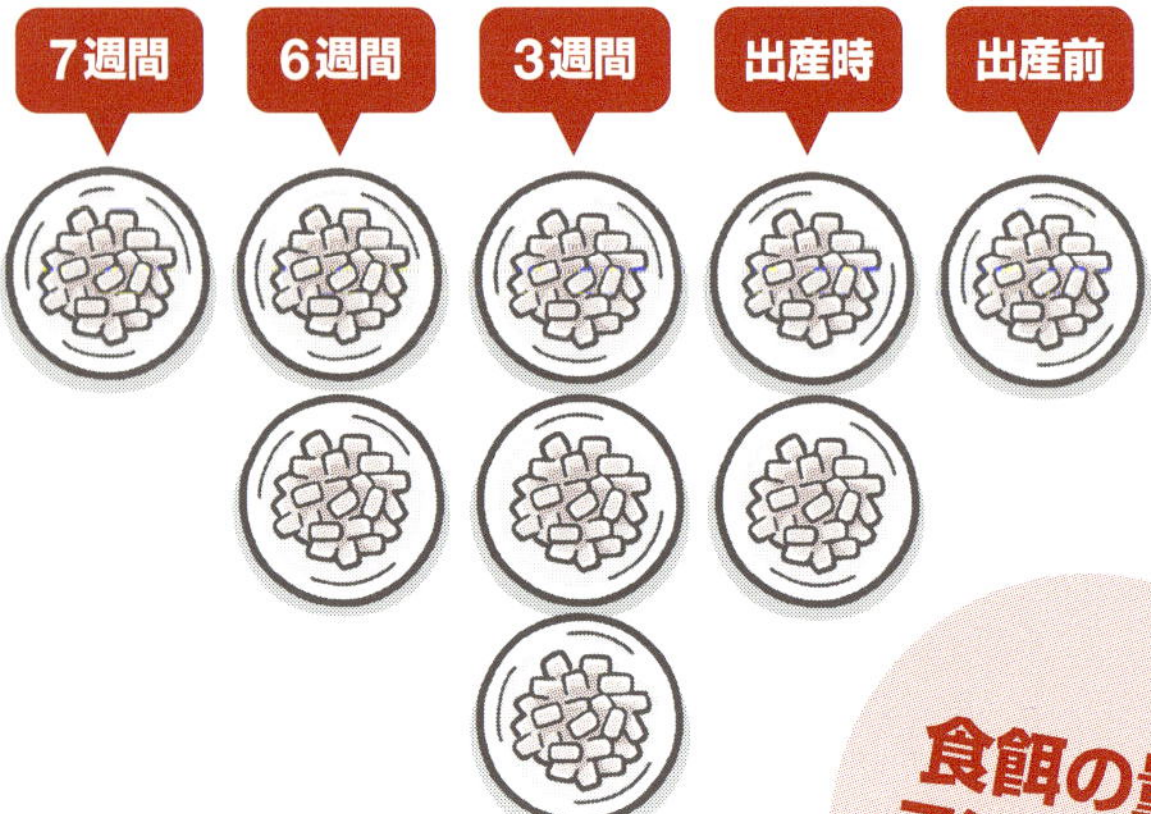

食餌は3倍量に

妊娠から子育て中の母うさぎには栄養とエネルギーが必要です。出産時には、いつもの約2倍食べていた食餌量は、出産後3週間をピークに通常の約3倍にまで増え続けます。

特別な食餌は必要ありません。いつも食べているフードと干し草を3倍量与えましょう。

水分も多量に必要なので、新鮮な水をたっぷり与えます。

離乳《りにゅう》がはじまると母うさぎの食餌量はだんだんと減ってきて、出産後約6週間で2倍前後になります。

子どもが乳離れをしたあとは、そのままの量を与え続けていると肥満になってしまうので、7週間で出産前の食餌量に戻しましょう。

子うさぎのケア

子うさぎは約6週間でひとりだちします

母うさぎは1日に1~2回、短い授乳をするほかは、子うさぎがいる場所以外で過ごすのが普通です。出産してそれほど日数がたっていなくても、ケージの外に出てきます。

ただし、出産直後の母親は子どもに対して神経質。母うさぎがケージの外に遊びに出ている間でも、出産後1週間は巣箱のなかをのぞいたり、さわったりするのは厳禁です。ケージの外から静かに眺めましょう。

赤ちゃんは、最初は母うさぎの母乳だけで育てられていますが、生後約3週間で固形物を食べはじめます。

約3週間たって子うさぎが巣箱の外に出てくるようになったら、離乳食を用意します。

離乳食には、小さくくだいたり、水でふやかしたりしたラビットフードと、やわらかめの干し草を与えます。干し草は栄養価の高いアルファルファがよいでしょう。

離乳してすぐは、まだ母乳が主な食餌ですが、だんだんと固形物を食べる量が増えて、約6週間で完全に乳離れが終わります。

ラビットフードもくだいたりせずにそのまま与えましょう。離乳が終わり、8週間を過ぎたら、母親と離して育てます。

rabbit column

人工保育

母うさぎが子育てを放棄してしまったら、飼い主が代わって育てなくてはなりません。動物病院で猫用ミルクを入手して、スポイトなどで飲ませます。授乳は1日3回で十分です。巣箱にペットヒーターなどを入れて、あたたかくします。

里親を探しましょう

＊里親を見つける＊

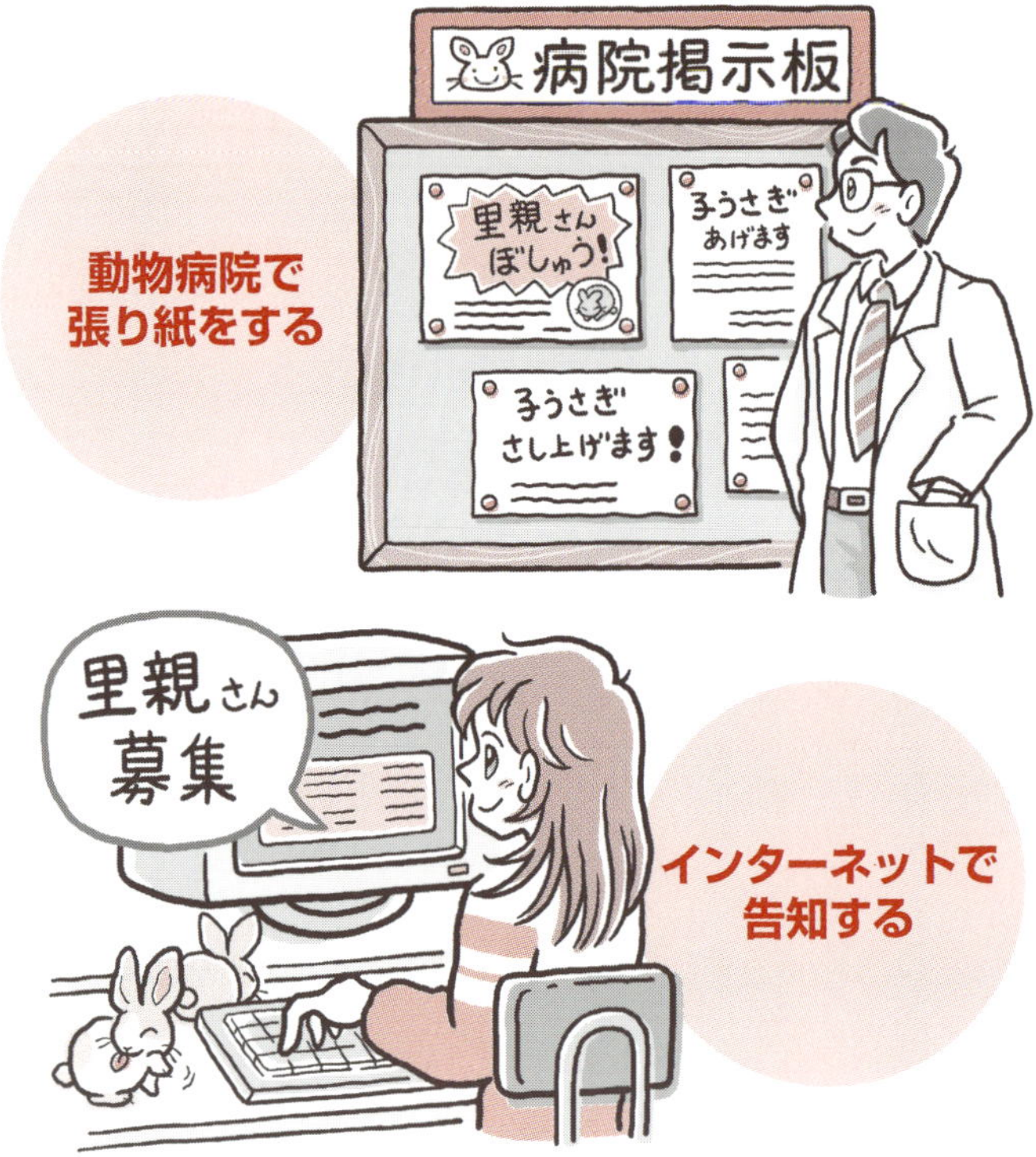
病院掲示板
里親さん ぼしゅう！
子うさぎ あげます
子うさぎ さし上げます！
動物病院で
張り紙をする
里親さん
募集
インターネットで
告知する

お見合いのときには里親を決めておく

里親を探すには、うさぎを買ったペットショップや里親紹介をしている動物愛好会に相談する、友人や知人のなかでうさぎを飼いたがっている人を見つける、公共の場所の掲示板、地域情報紙の「差し上げます」欄、インターネットの掲示板に掲載してもらうといった方法があります。

血統書や繁殖証明書をもつうさぎ同士の繁殖であれば、ペットショップで買い取ってくれることもありますが、そうでなければ無償で、場合によっては、飼い主が料金を払って引き取ってもらうこともあります。

お見合いをさせる前に、産まれる赤ちゃんをどうするか考えておく必要があります。

＊繁殖は慎重におこなう＊

小さな子うさぎはとても愛らしいものです。メスのうさぎを飼っていると、かわいい赤ちゃんが欲しくなる人も多いでしょう。

だからといって安易に繁殖させるのは、ちょっと待って。その前に、繁殖にかかわるさまざまなリスクをきちんと考えてください。出産はメスにとってかなりの体力と精神力をつかう仕事です。一般的に、何度も出産を経験しているメスは、出産経験のないメスよりも寿命が短くなってしまいますし、出産にともなう事故で死んでしまうこともあります。

１匹と長くつきあいたいと考えるなら、出産回数は控え、出産予定がなければ、子宮の病気のリスクも回避できる避妊手術をしたほうがベターです。

産まれた子うさぎたちをどうするか考えることも大切です。そのまま手元においておくと兄弟同士でも繁殖をして、どんどん増えてしまいます。うさぎは妊娠期間が１か月で、出産後すぐに妊娠可能です。１匹のうさぎが、毎月５匹ずつ出産したとすると、年に60匹にも増えてしまう計算になります。

繁殖をおこなうなら、十分な計画と準備をしてからにしましょう。つがいで飼っていて子どもを増やしたくないなら、遠くに離して飼育するか、避妊･去勢をしましょう。

また、血縁関係のうさぎ同士や、健康状態の悪いうさぎとの交配は、障害のある子うさぎが産まれやすくなるので、絶対に避けます。交配相手は慎重に選びましょう。

かわいい子うさぎの
将来を考えておこう

rabbit column

知っておきたい 人畜共通感染症《じんちくきょうつうかんせんしょう》

動物から人間に感染する病気を人畜共通感染症といいます。

家庭で飼われているうさぎから人間にうつる病気はそれほど多くはありません。そのなかで比較的よく見られるのが、皮膚糸状菌《ひふしじょうきん》とノミ、ダニなどによる感染症です。

ノミやダニは同じ室内にいると人間もかまれますが、皮膚糸状菌は、患部にさわったあとにきちんと手を洗えば、感染の危険はありません。

ほかにも、パスツレラ菌、サルモネラ菌なども人間に感染するといわれていますが、うさぎが人をかむことはあまりないので、感染の心配はほとんどありません。うさぎにさわった手でものを食べない、ケージの掃除のあとには必ずよく手を洗うといった習慣をつけておくことも大切です。

万が一の感染を防ぐため、うさぎの病気は早めに治療をしておきます。

人畜共通感染症を避けるために

口移しでものを与えない

飼育環境を清潔にする

うさぎにさわったあとは手を洗う

主な人畜共通感染症

皮膚糸状菌症／糸状菌というカビの一種が皮膚病をおこす

外部寄生虫症（ノミ、ダニ）／ノミ、ダニが寄生して皮膚病をおこす

パスツレラ症／パスツレラという細菌がひきおこす病気

サルモネラ症／サルモネラという細菌がひきおこす病気

第6章

いざというときの応急処置

ミニレッキス

いざというときの応急処置

応急処置は最小限に

うさぎがケガや病気をしたとき、飼い主の判断で治療をすると、悪化させてしまう可能性があります。応急処置は最小限にとどめ、獣医師に診察をしてもらって正しい治療を受けましょう。

うさぎの生理学的データを知っておきましょう

心拍数	180〜300回／分
呼吸数	30〜60回／分
体温	38.5〜40.0℃
1日のフード消費量（固形のラビットフード）	30g／日（体重1kgにつき）
1日の飲水量	50〜100ml／日（体重1kgにつき）
1日の尿量	25〜50ml／日（体重1kgにつき）
成体の体重（品種による）	1〜10kg
出生時体重（品種による）	30〜80g
寿命	5〜10年

骨折した → 狭いものに入れ病院へ

高い所から跳び下りたり、落ちたりして、骨折してしまった場合は、痛みのため、うずくまるなどの行動が見られます。さわると悪化してしまうので、痛がるところはさわらないようにします。

うさぎが体を動かせないように、狭いキャリーケースやしっかりした段ボール箱などに入れて動物病院へ連れて行きます。

ねんざ、打撲 → 1日様子を見ます

副木《そえぎ》などを当てると、さらにひどくなる可能性があります。キャリーケースや段ボール箱など、狭い場所に入れて1日様子を見ましょう。軽症なら安静にしているとよくなります。1日たっても変わらない、または食欲が低下しているようなら動物病院へ。

出血した → 止血します

切り傷などで出血した場合、小さな傷口なら指でおさえ圧迫して止血し、殺菌消毒薬で消毒をするとよいでしょう。うさぎが痛みでパニックになって暴れたり走りまわったりすると、出血がひどくなります。キャリーケースなど狭い場所に入れて、落ち着かせてから処置をしましょう。

熱射病になった ➔ 体を冷やす

うさぎは気温が28℃を超えると、体温調節ができなくなってしまいます。暑い日にあらい呼吸でぐったりしていたら、熱射病のサインです。

熱射病は命にかかわる病気なので、急いで冷たい水でぬらしたタオルで体を包むなどして体を冷やします。それから、できるだけ早く動物病院へ。

暑い日に外出するときは、うさぎのいる部屋は風通しをよくするか、エアコンで温度調節をしておきます。締め切った部屋に置いておくと熱射病になります。

また、ケージに入れたうさぎを車中に置いたままにしておくのも危険です。窓をあけるか、エアコンをかけておきます。

携帯用扇風機をつける

うさぎのケージに携帯用扇風機をつけます。電池で動くので、持ち運びができるキャリーケースにもつけられます。暑いとき、ケージの外から風を送ります。

やけどをした → 氷で冷やします

被毛があるため、やけどをしてもなかなか発見しにくいものです。

ストーブややかんなどにふれたおそれがある、焦げたようなニオイがするときは体をチェックしましょう。

やけどをしていたら、その部位を確認し氷水で冷やします。それから動物病院に連れて行きます。

感電した → コードを抜きます

電気コードをかじって感電する事故がおこることがあります。電気コードの近くで倒れていたら、うさぎの体にはさわらないようにします。まず、コードをコンセントから抜きます。やけどがあるか、意識があるかを確認し、病院に連れて行きます。体はなんともなくても、口のなかにやけどを負っていることもあるので、病院には必ず連れて行きます。

かまれた → 動物病院

うさぎ同士のケンカなどでできたかみ傷は、傷が深く化膿《かのう》する心配があります。動物病院で治療してもらいましょう。また、犬や猫にかまれたときも同様です。

かまれたあと、うさぎは興奮状態にあります。体を確認するときに人をかむこともあるので慎重に。

揃えておきたい救急箱

うさぎ専用の救急箱を用意します

ケガをした、病気になった、そんなときあわてないようにうさぎ専用の救急箱を用意しておきましょう。

包帯、ガーゼ、テープ、救急ばんそうこう、消毒液、ヨード液は傷を負ったときに必要になります。

保冷剤は熱射病などで、体を冷やすときにつかいます。

救急箱は定期的に点検し、足りないものや少ないものは、補充しておきます。病院にかかったとき処方された薬は使用期限を確認しましょう。

また、外出するときにも救急箱を持参すると安心です。

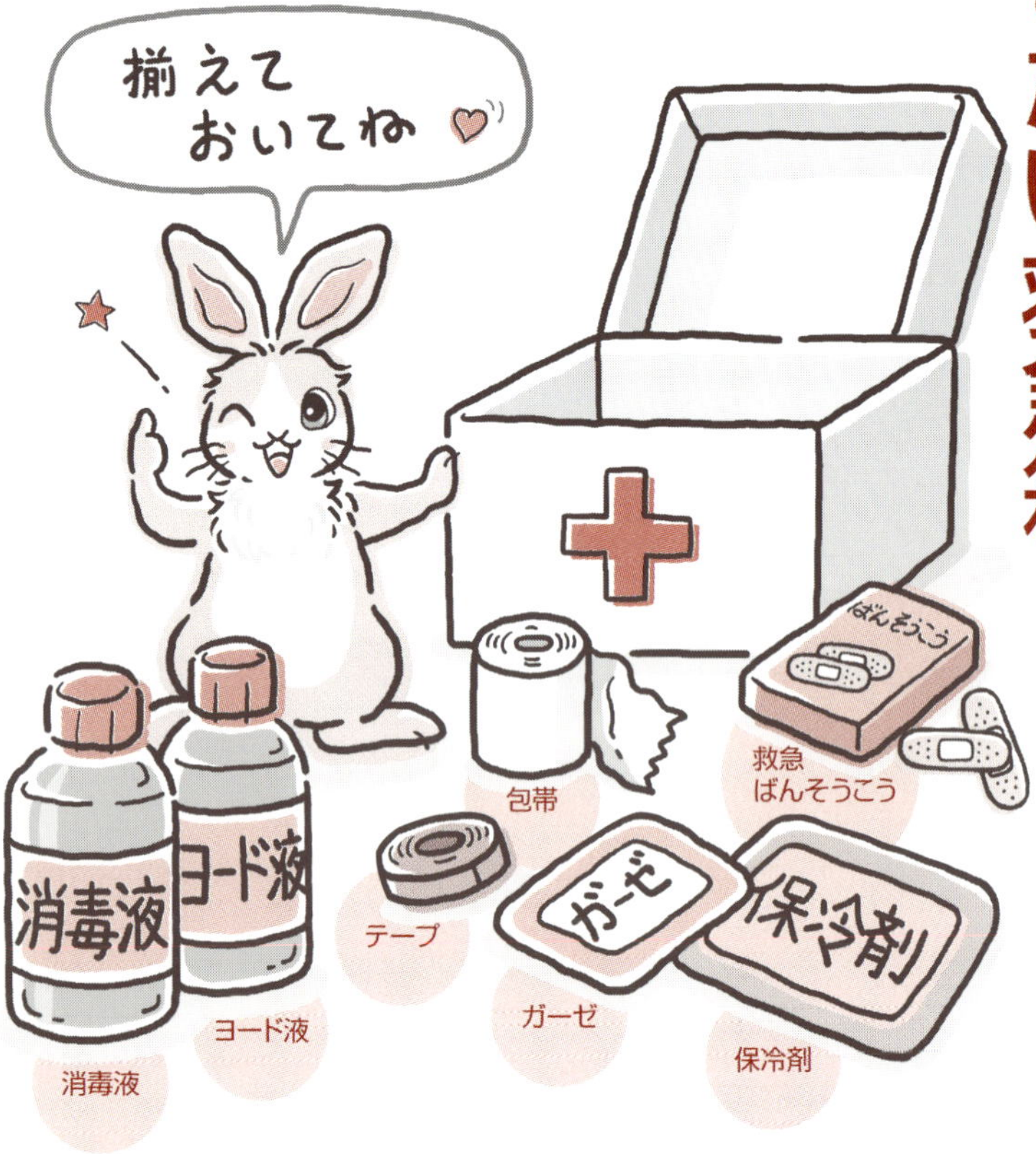

最期を見送りましょう

あなたらしい方法で見送ります

うさぎの寿命は人間とくらべて短いものです。どうしても飼い主がうさぎを見送ることになります。

最近はペットが亡くなると、ペットの葬儀社や霊園で葬儀をする人が増えてきています。

うさぎの場合でも火葬《かそう》にし、骨を拾い、納骨《のうこつ》したりお墓に入れます。集団火葬や個別火葬など、条件によって料金が違います。電話で確認をしておきましょう。

供養《くよう》の方法は、決まっているわけではありません。飼い主のスタイルで供養してやりましょう。

さよなら～
たのしかった～

rabbit column　ペットロスって知っていますか？

ペットロスとは「ペットロス症候群」といわれているもので、飼い主がペットと死に別れたとき、深い悲しみや喪失感を持ち、気力がなくなり何もしたくない状態になることです。

ペットロスになったら、悲しみを周囲の人に打ち明け、話を聞いてもらいます。うさぎの死を認識し、のりこえることができます。

付録

うさぎ便利情報

うさぎを専門に扱うショップが増えてきました。
専門店なので、うさぎに関するグッズのみならず情報も豊富、
飼育のアドバイスもしてくれます。
うさぎに会える専門店やテーマパークをご紹介します。

House of Rabbit

ハウス オブ ラビット

'96年、関東で初めてのうさぎ専門店としてオープン。フード、グッズなど多くのオリジナル商品を開発、販売。うさぎのトリミング室、ホテルも併設しています。扱っているうさぎはすべてARBA（アメリカン・ラビット・ブリーダーズ・アソシエイション）会員がブリーディングした純血うさぎ。

愛情をこめて飼育した親から産まれたうさぎは、人なつこく飼いやすい性格です。スタッフはすべてうさぎに詳しい女性。きめ細やかな飼育相談などで、うさぎの飼い主をサポートしてくれます。

グッズやフードはインターネットによる通販もあります。

DATA

埼玉県川口市前川1-9-18
TEL………048-269-1194
営業時間…12:00～19:00
（日・祝は11:00～18:00）
定休日……水・木
http://www.houseofrabbit.com/

＊そのほかのうさぎ専門店＊

うさぎのしっぽ 横浜店

神奈川県横浜市磯子区磯子原町13-17
TEL 045-762-1232　FAX 045-762-1231
http://www.rabbittail.com/
東京店　03-5726-1771

RABBITS

大阪府吹田市高城町23-1
TEL&FAX 06-6382-7558
http://www.ne.jp/asahi/rabbits/osaka/

うさぎのmimi

京都府宇治市小倉町蓮池1-30
TEL 0774-24-6910　FAX 0774-24-6736
http://www.usamimi.co.jp/

バニーファミリー

石川県金沢市粟ヶ崎町5丁目17番地
TEL 076-237-5315　FAX 076-237-2955
http://www.bunnyfamily.net/

うさぎの森

愛知県名古屋市天白区焼山 2-1522
TEL 052-807-6586　FAX 052-807-6587
http://www.usamori.com/

MOON RABBIT

静岡県浜松市都田町7585
TEL 053-484-1711　FAX 053-484-1712
http://moon-rabbit.jp/

レイクサイドパーク 宮沢湖

うさぎにふれあえるテーマパーク

園内にあるなかよし動物園には世界のうさぎが豊富に揃っています。1日2回、うさぎとのふれあいタイムがあり、うさぎと遊ぶことができます。子うさぎを抱くこともできます。

DATA

埼玉県飯能市宮沢27-1
TEL………0429-73-1313
営業時間…10:00～17:00
定休日……水・木（祝日の場合は営業）
http://www.seibu-group.co.jp/rec/miyazawa/

早わかりガイド
うさぎの育て方・しつけ方

2003年10月1日初版第1刷発行
2006年12月10日初版第3刷発行

監修者　斉藤久美子
発行者　田中　修
発行所　株式会社　小学館
〒101-8001
東京都千代田区一ツ橋2-3-1
電話　編集　03(3230)5442
　　　販売　03(5281)3555
印刷所　共同印刷株式会社
製本所　株式会社難波製本

ISBN4-09-310078-0

監修者紹介

斉藤久美子　さいとう・くみこ

東京農工大学卒業。埼玉県浦和市、岩槻市にて研修医、勤務医を務めたのち、1981年埼玉県浦和市（現さいたま市）にて斉藤動物病院を開業。1999年東京北区にてさいとうラビットクリニックを開業。『うさぎ学入門』（インターズー）著。『うさぎの内科と外科マニュアル』（学窓社）翻訳。『うさぎハンドブック』（青葉社）監修。

●さいとうラビットクリニック
〒114-0014　東京都北区田端5-2-13
●斉藤動物病院
〒336-0907
埼玉県さいたま市緑区道祖土3-17-2
ホームページ
http://www.asahi-net.or.jp/~bi9k-situ/

参考文献
『ウサギの内科と外科マニュアル』（学窓社）
『うさぎハンドブック』（青葉社）

カバー写真・本文写真
田中康弘　渡邊春信
カバー・本文デザイン
八月朔日英子（QUESTO）
イラスト
三崎昌子
取材
大里えり
取材協力
House of Rabbit
レイクサイドパーク宮沢湖
校正
滄流社
編集
歌代伊久枝